絵本ごよみ

二十四節気《にじゅうしせっき》と七十二候《しちじゅうにこう》

監修
坂東眞理子
昭和女子大学 学長

美しい
日本の季節と
衣・食・住

春

はるかぜがこおりをといて

はじめに

監修《かんしゅう》　坂東眞理子《ばんどうまりこ》先生《せんせい》より

日本《にほん》には春《はる》、夏《なつ》、秋《あき》、冬《ふゆ》の四季《しき》があります。雨季《うき》と乾季《かんき》だけという国《くに》もあるのに比《くら》べ、四《し》季折々《おりおり》の美《うつく》しさを見《み》せながら移《うつ》り変《か》わっていく日本《にほん》の季節《きせつ》は、とても豊《ゆた》かで変化《へんか》にあふれています。四季《しき》をさらに細《こま》かく分《わ》け、「立春《りっしゅん》」「清明《せいめい》」のような美《うつく》しい名前《なまえ》をつけた半月《はんつき》ごとの二十四節気《にじゅうしせっき》、それをさらに五日《いつか》ごとに分《わ》けた七十二候《しちじゅうにこう》として、豊《ゆた》かに表現《ひょうげん》されています。季節《きせつ》の微妙《びみょう》な変化《へんか》に敏感《びんかん》なのは日本《にほん》の文化《ぶんか》と暮《く》らしの大《おお》きな特徴《とくちょう》であり、豊《ゆた》かな感性《かんせい》の現《あらわ》れでもあるのです。

この本《ほん》は七十二候《しちじゅうにこう》それぞれの季節《きせつ》の特徴《とくちょう》や自然《しぜん》の変化《へんか》、動物《どうぶつ》や植物《しょくぶつ》の様子《ようす》を美《うつく》しいイラストで表《あらわ》し、季節《きせつ》にそった「衣食住《いしょくじゅう》」の日常《にちじょう》の楽《たの》しみと、季節《きせつ》の節目《ふしめ》である行事《ぎょうじ》やお祭《まつ》りなど特別《とくべつ》のお祝《いわ》いを紹介《しょうかい》しています。このような季節《きせつ》の食《た》べ物《もの》や季節《きせつ》のお祝《いわ》いがあることで、私《わたし》たちの暮《く》らしにメリハリがつきます。

まず「春《はる》」の部《ぶ》ですが、雪《ゆき》が解《と》けて大地《だいち》がうるおい、草木《くさき》が芽吹《めぶ》きます。私《わたし》たち人間《にんげん》も、入学式《にゅうがくしき》をむかえたり進級《しんきゅう》したりして、新《あたら》しい生活《せいかつ》が始《はじ》まります。春《はる》はまさに、スタートの季節《きせつ》ですね。今《いま》まで何気《なにげ》なく行《おこな》っていた行事《ぎょうじ》や、学校《がっこう》で習《なら》う俳句《はいく》や短歌《たんか》にも、季節《きせつ》と深《ふか》く結《むす》びついている新《あら》たな発見《はっけん》があると思《おも》います。

こうした毎日《まいにち》の美《うつく》しい自然《しぜん》と過《す》ぎ去《さ》っていく季節《きせつ》や生命《せいめい》をいとおしく感《かん》じ、かけがえのない一日一日《いちにちいちにち》を大切《たいせつ》に味《あじ》わう。それによって皆《みな》さんの感受性《かんじゅせい》が鋭《するど》くなり、表現力《ひょうげんりょく》が豊《ゆた》かに育《はぐく》まれることを願《ねが》っています。

春《はる》 もくじ

立春《りっしゅん》 4

「立春《りっしゅん》」「雨水《うすい》」など二十四節気《にじゅうしせっき》の名前《なまえ》は、その節気《せっき》が始《はじ》まる頭《あたま》の日《ひ》と、約《やく》15日《にち》の期間《きかん》、両方《りょうほう》に使《つか》われます。「こよみ」には節気《せっき》が始《はじ》まる日《ひ》を記《しる》しています。

雨水《うすい》 10

「花鳥風月《かちょうふうげつ》」＝「自然《しぜん》」のことです。「自然《しぜん》」という言葉《ことば》は近代《きんだい》になってからできたもので、それまでは「花鳥風月《かちょうふうげつ》」という言葉《ことば》で表現《ひょうげん》していました。

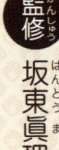

この本《ほん》について

- 「七十二候《しちじゅうにこう》」を美《うつく》しいイラストで紹介《しょうかい》しています。
- その日《ひ》の行事《ぎょうじ》や季節《きせつ》の言葉《ことば》を知《し》る、日《ひ》めくりカレンダーのような「こよみ」がのっています。
- 「日々《ひび》のよろこび」では、季節《きせつ》にそった「衣《い》・食《しょく》・住《じゅう》」の楽《たの》しみを紹介《しょうかい》しています。
- 「行事《ぎょうじ》のある特別《とくべつ》な日《ひ》」では、大切《たいせつ》な行事《ぎょうじ》や、行《い》ってみたい日本各地《にほんかくち》のお祭《まつ》りなどを紹介《しょうかい》しています。
- 季節《きせつ》を感《かん》じ取《と》る「俳句《はいく》」「和菓子《わがし》」「読書《どくしょ》」の紹介《しょうかい》もあります。

巻末《かんまつ》ふろく

立春《りっしゅん》

2月《がつ》4日《か》～18日《にち》ごろ

「立《た》つ」という言葉《ことば》には「新《あたら》しい季節《きせつ》が始《はじ》まる」という意味《いみ》があります。立春《りっしゅん》はまさに、春《はる》の始《はじ》まり。どこかで春《はる》が生《う》まれている気配《けはい》を、心《こころ》と体《からだ》で感《かん》じ取《と》りましょう。

第一候《だいいっこう》 はるかぜ こおりを とく

2月《がつ》4日《か》～8日《か》ごろ

東風解凍

氷柱《つらら》の先《さき》から、しずくがぽたんと落《お》ちてきました。凍《こお》るような北風《きたかぜ》にかわって、冷《つめ》たさのゆるんだ東《ひがし》の風《かぜ》、東風《こち》が吹《ふ》いてきます。春風《はるかぜ》が、凍《こお》りついた大地《だいち》をやさしくなでて、雪《ゆき》や氷《こおり》をゆっくり解《と》かしていきます。

第二候《だいにこう》 うぐいす なく

2月《がつ》9日《か》～13日《にち》ごろ

黄鶯睍睆

「ホ～ホケキョ」暖《あたた》かい地域《ちいき》では、〝春告鳥《はるつげどり》〟うぐいすの声《こえ》が聞《き》こえ始《はじ》めます。

梅《うめ》の花《はな》は〝春告花《はるつげばな》〟。うぐいすと梅《うめ》は、春《はる》を連《つ》れてくるもの同士《どうし》、とても仲良《なかよ》しなのです。

第三候《だいさんこう》 うお こおりを いずる

2月《がつ》14日《か》～18日《にち》ごろ

魚上氷

冬《ふゆ》の間《あいだ》、川底《かわぞこ》でじっとしていた魚《さかな》が、割《わ》れた氷《こおり》の間《あいだ》から元気《げんき》よくはね上《あ》がりました。風《かぜ》だけでなく氷《こおり》の下《した》の水《みず》も、温《ぬる》み始《はじ》めているのですね。

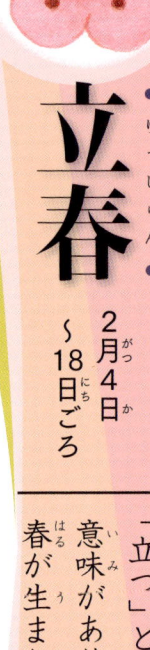

立春《りっしゅん》のこよみ　今日《きょう》にまつわる季節《きせつ》の言葉《ことば》

2月《がつ》

4　立春《りっしゅん》

（2月《がつ》4日《か》ごろ）

旧暦《きゅうれき》（40ページ）を使《つか》っていた江戸時代《えどじだい》までは、立春《りっしゅん》のころがお正月《しょうがつ》でした。旧暦《きゅうれき》のお正月《しょうがつ》は「春節《しゅんせつ》」とも呼《よ》ばれます。

5　初午《はつうま》

（2月《がつ》の最初《さいしょ》の午《うま》の日《ひ》）

▶9ページ

冬《ふゆ》の厳《きび》しい寒《さむ》さとはちがう春先《はるさき》の空気《くうき》の冷《つめ》たさを、「春寒《はるさむ》・春寒《しゅんかん》」「余寒《よかん》」などと表現《ひょうげん》します。

6　さっぽろ雪《ゆき》まつり

（2月上旬《がつじょうじゅん》の7日間《かかん》）

▶8ページ

雑木林《ぞうきばやし》に行《い》ったら、木《き》の根元《ねもと》だけ雪《ゆき》が解《と》けて、土《つち》が丸《まる》く見《み》えていました。少《すこ》しずつ雪解《ゆきど》けが始《はじ》まっています。

7

都会《とかい》のスーパーでも、春《はる》の山菜《さんさい》ふきのとうが見《み》られるころ。

8　針供養《はりくよう》

▶9ページ

麦畑《むぎばたけ》では麦《むぎ》ふみをするころ。芽《め》をふみ固《かた》めることで、いっそう強《つよ》い麦《むぎ》が育《そだ》っていくのです。

9

昨日《きのう》はつぼみだった梅《うめ》の花《はな》が開《ひら》いているかもしれません。花《はな》のみつを吸《す》いに来《く》る、めじろと出会《であ》えるかも。

10

椿《つばき》の花《はな》が真《ま》っ盛《さか》りです。椿《つばき》は散《ち》るとき、花《はな》びらではなく、花《はな》が丸《まる》ごとぼとりと落《お》ちます。

11　建国記念《けんこくきねん》の日《ひ》

▶「日本《にほん》の建国《けんこく》を考《かんが》える日《ひ》」として1966年《ねん》に制定《せいてい》されました。

空《そら》の色《いろ》がなんとなく明《あか》るく感《かん》じられるようになってきました。

12

冷《つめ》たさのゆるんだ東《ひがし》から吹《ふ》く早《そう》春《しゅん》の風《かぜ》を「東風《こち》」と呼《よ》びます。

13

ねこやなぎが咲《さ》いています。花《はな》の集《あつ》まった穂《ほ》は、絹《きぬ》のようにつやつや光《ひか》っています。

14　バレンタインデー

▶9ページ

春先《はるさき》のうすくはった氷《こおり》を「うすら氷《ひ》」と呼《よ》びます。

15　横手《よこて》かまくら

（～16日《にち》）▶8ページ

黒森歌舞伎《くろもりかぶき》（2月中旬《がつちゅうじゅん》）

▶およそ300年《ねん》の伝統《でんとう》を持《も》つ、そぼくで大《おお》らかな農民歌舞伎《のうみんかぶき》。まだ雪《ゆき》の舞《ま》う中《なか》、奉納《ほうのう》されます。山形県酒田市《やまがたけんさかたし》、黒森日枝神社《くろもりひえじんじゃ》。

16　十日町雪《とおかまちゆき》まつり

（2月中旬《がつちゅうじゅん》）

▶新潟県十日町市《にいがたけんとおかまちし》の雪祭《ゆきまつ》り。豪《ごう》雪地帯《せつちたい》で暮《く》らす人々《ひとびと》の「雪《ゆき》を友《とも》とし、雪《ゆき》を楽《たの》しむ」思《おも》いから始《はじ》まりました。芸術的《げいじゅつてき》な雪像《せつぞう》や、温《あたた》かい郷土料理《きょうどりょうり》が楽《たの》しめます。

17　八戸《はちのへ》えんぶり

（～20日《か》）▶8ページ

北海道幌加内町《ほっかいどうほろかないちょう》では、今日《きょう》は「天使《てんし》のささやきの日《ひ》」。天使《てんし》のささやきとは、空気中《くうきちゅう》の水蒸気《すいじょうき》などが凍《こお》りついてできるダイヤモンドダストのこと。

18

川《かわ》や池《いけ》の水《みず》から、切《き》るような冷《つめ》たさがやわらいでゆくことを、「水温《みずぬる》む」と表現《ひょうげん》します。

春《はる》は名《な》のみの風《かぜ》の寒《さむ》さや…

まだ温《あたた》かい服《ふく》を着《き》つつも、早春《そうしゅん》のほろ苦《にが》い旬《しゅん》を味《あじ》わい、少《すこ》しずつ変化《へんか》してゆく気候《きこう》や植物《しょくぶつ》の様子《ようす》に、春《はる》の〝きざし〟を感《かん》じ取《と》る日々《ひび》です。

「旬《しゅん》」とは、その食材《しょくざい》にとって最《もっと》も味《あじ》が良《よ》く、たくさん出回《でまわ》る時期《じき》。

衣《い》のたのしみ　温《あたた》かい手編《てあ》みのニット

毛糸《けいと》で編《あ》んだ衣服《いふく》はとても温《あたた》かく、やさしい風合《ふうあ》いがあります。マフラーと手《て》ぶくろをおそろいにしたり、おしゃれも楽《たの》しんでみましょう。

手作《てづく》りを楽《たの》しもう

マフラー、手《て》ぶくろ、かみ飾《かざ》り。好《す》きな毛糸《けいと》を選《えら》んで、自分《じぶん》で作《つく》るのは楽《たの》しいことです。かぎ針《ばり》編《あ》みと棒《ぼう》編《あ》みでは編《あ》み目《め》のもようがちがって、デザインも豊《ゆた》かに広《ひろ》がります。

2月《がつ》10日《か》は「ニットの日《ひ》」。横浜《よこはま》手作《てづく》りニット友《とも》の会《かい》によって制定《せいてい》され、全国《ぜんこく》に広《ひろ》まりました。この日《ひ》をきっかけに手作《てづく》りを始《はじ》めてもいいですね。

食《しょく》のたのしみ　目覚《めざ》めの時期《じき》によく合《あ》う〝苦《にが》いもの〟

早春《そうしゅん》の旬《しゅん》の代表《だいひょう》は、ふきのとう。まだ枯《か》れ草《くさ》ばかりの土《つち》の上《うえ》にさわやかな黄《き》緑色《みどりいろ》の芽《め》を見《み》つけると、心《こころ》がはずみます。独特《どくとく》の香《かお》りと苦《にが》みは、冬《ふゆ》を越《こ》した体《からだ》に元気《げんき》をくれますよ。

ふきのとう

食《た》べ時《どき》は花《はな》が開《ひら》く前《まえ》。天《てん》ぷらにしたり、きざんでみそと和《あ》えたり。

独特《どくとく》の苦《にが》みは、大人《おとな》になるとだんだんおいしく感《かん》じるようになりますよ。

ご飯《はん》の上《うえ》にふきみそ

住《じゅう》のたのしみ

早春《そうしゅん》の花《はな》をいける

花《はな》を飾《かざ》ると家《いえ》の中《なか》に季節感《きせつかん》が生《う》まれ、心《こころ》をうるおすことができます。生《い》け花《ばな》は、日本《にほん》に古《ふる》くからある素敵《すてき》な文化《ぶんか》ですね。

1 「水切《みずき》り」をしましょう

水《みず》の中《なか》でくきや枝《えだ》を切《き》ることを「水切《みずき》り」といいます。こうすると、植物《しょくぶつ》がよく水《みず》を吸《す》い上《あ》げるようになり、元気《げんき》で長持《ながも》ちします。

切《き》り口《くち》がななめになるように切《き》りましょう。

2 花器《かき》を選《えら》びましょう

花《はな》をいける器《うつわ》を花器《かき》といいます。形《かたち》も素材《そざい》もいろいろ。ジャムの空《あ》きビンや牛乳《ぎゅうにゅう》パックを利用《りよう》して、かわいく飾《かざ》ってもいいですね。

牛乳《ぎゅうにゅう》パックは上《うえ》の三角部分《さんかくぶぶん》を切《き》りはなします

3 花《はな》をいけましょう

色《いろ》や形《かたち》をよく見《み》て、美《うつく》しく見《み》える角度《かくど》を試《ため》してみましょう。また、形《かたち》や色《いろ》、長《なが》さのちがう花《はな》を組《く》み合《あ》わせて、素敵《すてき》にいけましょう。

正面《しょうめん》から…

横《よこ》から…

後《うし》ろからも…ながめてみて

どこに飾《かざ》る？

食《しょく》たくに椿《つばき》の花《はな》とねこやなぎ季節《きせつ》を感《かん》じながら家族《かぞく》で団《だん》らん

げんかんにいろいろな色《いろ》のフリージアを飾《かざ》って、お客様《きゃくさま》を明《あか》るくおもてなし

4 花《はな》のお世話《せわ》をしましょう

水《みず》がにごらないように取《と》りかえると、花《はな》は長持《ながも》ちします。暮《く》らしに季節《きせつ》を感《かん》じさせてくれる花《はな》や緑《みどり》に、感謝《かんしゃ》の気持《きも》ちを忘《わす》れずに。

七十二候手帖　しちじゅうにこうてちょう

うぐいすは鳴《な》き声《ごえ》の練習中《れんしゅうちゅう》

うぐいすの鳴《な》き声《ごえ》は春《はる》から夏《なつ》の間《あいだ》に聞《き》こえます。秋冬《あきふゆ》は「チャッチャッ」という地鳴《じな》きをしていますが、早春《そうしゅん》、恋《こい》の相手《あいて》を見《み》つけるために「ホーホケキョ」とさえずるようになります。

ただし、早春《そうしゅん》のころは「ホ～…ホケキャ」「ホ？ ケキョケキョ」など、まだまだ未熟者《みじゅくもの》の声《こえ》も。練習《れんしゅう》を重《かさ》ね、だんだん、澄《す》んだ美《うつく》しい「ホーホケキョ」になっていきます。さえずるのはオスのみ。恋《こい》の歌《うた》でもあり、オス同士《どうし》のなわばりを知《し》らせる声《こえ》でもあります。「ホ～…」と聞《き》こえたら、耳《みみ》を澄《す》まして、うぐいすの練習《れんしゅう》の成果《せいか》をよく聞《き》いてみてくださいね。

うぐいす菜《な》

10㎝ほどにのびた小《こ》松菜《まつな》など、この時期《じき》の青葉《あおば》を「うぐいす菜《な》」とも呼《よ》びます。呼《よ》び方《かた》に春《はる》の喜《よろこ》びを感《かん》じますね。

緑《みどり》が鮮《あざ》やかなおひたしに

いよかん

山口県《やまぐちけん》で古《ふる》くから栽培《さいばい》されていたものが愛媛県《えひめけん》（伊予《いよ》）に移植《いしょく》され、盛《さか》んに栽培《さいばい》されるようになりました。果汁《かじゅう》が多《おお》くてあまいみかんです。

春《はる》らしくちょうちょの形《かたち》に

わかさぎ

湖《みずうみ》の氷《こおり》に穴《あな》を開《あ》けてつります。産卵《さんらん》期《き》の春先《はるさき》が最《もっと》もおいしく、から揚《あ》げや南蛮漬《なんばんづ》けなどにしていただきます。

新《あたら》しい春《はる》をむかえる

春《はる》は、春夏秋冬《しゅんかしゅうとう》の四季《しき》の始《はじ》まり。そして、古《ふる》くは立春《りっしゅん》が一年《いちねん》の始《はじ》まりであったことから、お正月《しょうがつ》に関係《かんけい》する行事《ぎょうじ》も多《おお》く、一年《いちねん》で大切《たいせつ》な節目《ふしめ》の時期《じき》です。

横手《よこて》かまくら

2月《がつ》15—16日《にち》
秋田県《あきたけん》 横手市《よこてし》

「かまくら」は子《こ》どもたち中心《ちゅうしん》の小正月《こしょうがつ》の行事《ぎょうじ》です。子《こ》どもたちが「はいってたんせ（入《はい》ってください）」「おがんでたんせ（水神様《すいじんさま》をおがんでください）」と言《い》いながら、お供《そな》え物《もの》やおさい銭《せん》を持《も》って雪《ゆき》で作《つく》ったかまくらへお参《まい》りに来《く》る大人《おとな》たちに、甘酒《あまざけ》やもちをふるまいます。

横手《よこて》のかまくらの中《なか》には、水神様《すいじんさま》がまつられています。神棚《かみだな》に甘《あま》酒《ざけ》やもちを供《そな》え、いっしょに食《た》べます。家族《かぞく》の健康《けんこう》や豊《ゆた》かな実《みの》りをお祈《いの》りします。

「小正月《こしょうがつ》」とは、お正月《しょうがつ》の大正《おおしょう》月《がつ》に対《たい》し、1月《がつ》15日《にち》ごろを小正月《こしょうがつ》とする旧暦《きゅうれき》（40ページ）から続《つづ》く呼《よ》び名《な》です。

八戸《はちのへ》えんぶり

2月《がつ》17—20日《か》
青森県《あおもりけん》 八戸市《はちのへし》

太夫《たゆう》と呼《よ》ばれる舞《ま》い手《て》が、「えぶり」という棒《ぼう》で地面《じめん》を突《つ》いて、田《た》の神様《かみさま》を起《お》こす舞《まい》を踊《おど》ります。その後《あと》に人々《ひとびと》が続《つづ》き、新《あたら》しい年《とし》の豊作《ほうさく》を祈《いの》ってみんなでにぎやかに踊《おど》ります。

さっぽろ雪《ゆき》まつり

2月上旬《がつじょうじゅん》の7日間《かかん》
北海道《ほっかいどう》 札幌市《さっぽろし》

大小《だいしょう》300もの雪像《せつぞう》や氷像《ひょうぞう》が立《た》ち並《なら》びます。1950年《ねん》に地元《じもと》の中《ちゅう》・高校生《こうこうせい》が、雪捨《ゆきす》て場《ば》だった広場《ひろば》に6つの雪像《せつぞう》を作《つく》ったことから始《はじ》まり、今《いま》では北海道《ほっかいどう》を代表《だいひょう》するお祭《まつ》りに。

2月《がつ》8日《か》 針供養《はりくよう》

※12月《がつ》8日《か》に行《おこな》う地域《ちいき》もあります。

針供養《はりくよう》は、暮《く》らしの「衣《い》」を支《ささ》えてくれる針《はり》に感謝《かんしゃ》する行事《ぎょうじ》です。裁縫《さいほう》する人《ひと》は減《へ》りましたが、ボタンつけなど、今《いま》も針《はり》は生活《せいかつ》に欠《か》かせません。針《はり》へのねぎらいと裁縫《さいほう》上達《じょうたつ》の祈《いの》りをこめて、やわらかいとうふやこんにゃくに古針《ふるばり》や折《お》れた針《はり》を刺《さ》します。物《もの》にも魂《たましい》が宿《やど》るという考《かんが》え方《かた》と、物《もの》を大切《たいせつ》にする心《こころ》がつなぐ伝統行事《でんとうぎょうじ》です。

2月《がつ》の最初《さいしょ》の午《うま》の日《ひ》 初午《はつうま》

初午《はつうま》とは、2月《がつ》の最初《さいしょ》の午《うま》の日《ひ》（41ページ）のことです。この日《ひ》、全国《ぜんこく》の稲荷神社《いなりじんじゃ》で、商売《しょうばい》がにぎわうことや豊《ゆた》かな実《みの》りを願《ねが》う「初午祭《はつうままつ》り」が行《おこな》われます。711年《ねん》のこの日《ひ》に、京都《きょうと》の稲荷山《いなりやま》に神様《かみさま》が降《お》り立《た》ったのが、初午《はつうま》の縁日《えんにち》の始《はじ》まりといわれています。

稲荷神社《いなりじんじゃ》と稲荷《いなり》ずし

稲荷神《いなりがみ》の使《つか》いであるきつねは、油揚《あぶらあ》げが好物《こうぶつ》。そのため、油揚《あぶらあ》げを使《つか》ったすしを稲荷《いなり》ずしと呼《よ》ぶようになりました。

2月《がつ》14日《か》 バレンタインデー

好《す》きな人《ひと》に女性《じょせい》からチョコレートをおくる風習《ふうしゅう》は、1950年代《ねんだい》にお菓子会社《かしがいしゃ》が提案《ていあん》して広《ひろ》まっていった日本独自《にほんどくじ》のものです。欧米《おうべい》とのちがいを見《み》てみましょう。

日本《にほん》

女性《じょせい》から男性《だんせい》へ、チョコレートをおくって愛《あい》を告白《こくはく》する日《ひ》。今《いま》では「義理《ぎり》チョコ」や友達《ともだち》におくる「友《とも》チョコ」など、いろいろな意味《いみ》がありますね。

欧米《おうべい》

恋人同士《こいびとどうし》や夫婦《ふうふ》の間《あいだ》で、カードや花《はな》、プレゼントをおくり合《あ》う日《ひ》です。家族同士《かぞくどうし》でおくり合《あ》う国《くに》もあります。

“バレンタイン”って何《なに》？

古代《こだい》ローマ時代《じだい》に、結婚《けっこん》を禁《きん》じられた兵士《へいし》たちがかくれて結婚式《けっこんしき》をあげるための、手助《てだす》けをしていた司祭《しさい》の名前《なまえ》です。その罪《つみ》に問《と》われてバレンタインは処刑《しょけい》されてしまいますが、愛《あい》の守護者《しゅごしゃ》として、処刑《しょけい》された2月《がつ》14日《か》を恋人《こいびと》たちの日《ひ》にしたといわれています。

季節《きせつ》のあれこれ

俳句《はいく》

雪《ゆき》とけて村一《むらいっ》ぱいの子《こ》どもかな

季語《きご》　雪解《ゆきど》け
作者《さくしゃ》　小林一茶《こばやしいっさ》

雪《ゆき》に閉《と》ざされていた北国《きたぐに》に春《はる》が来《き》た喜《よろこ》びがあふれています。

和菓子《わがし》

梅《うめ》が香《か》

愛《あい》らしい梅《うめ》の花《はな》が満開《まんかい》になり、良《よ》い香《かお》りがただよっている様子《ようす》を表《あらわ》しています。中《なか》には白《しろ》あんが包《つつ》まれています。

読書《どくしょ》

『麦《むぎ》ふみクーツェ』

いしいしんじ 作《さく》
（理論社《りろんしゃ》）

「麦《むぎ》ふみのことなんてなにもしらなかった。」と始《はじ》まる物語《ものがたり》。だれだって、さまざまな音《おと》や音楽《おんがく》を奏《かな》でている……。読《よ》む者《もの》に温《あたた》かな力《ちから》を与《あた》えてくれます。

七十二候《しちじゅうにこう》の花鳥風月《かちょうふうげつ》

雨水《うすい》

2月《がつ》19日《にち》～3月《がつ》4日《か》ごろ

降《ふ》る雪《ゆき》は雨《あめ》にかわり、積《つ》もった雪《ゆき》は解《と》けて水《みず》になります。流《なが》れ出《だ》した雪解《ゆきど》け水《みず》は雪代《ゆきしろ》といわれ、このころの川魚《かわざかな》は雪代山女《ゆきしろやまめ》、雪代岩魚《ゆきしろいわな》など美《うつく》しい名《な》で呼《よ》ばれます。

第四候《だいよんこう》

2月《がつ》19日《にち》～23日《にち》ごろ

つちのしょう うるおい おこる

土脈潤起

雪解《ゆきど》けでぬかるんだ土《つち》の上《うえ》に、かたくりや節分草《せつぶんそう》が咲《さ》きました。うつむきかげんに咲《さ》くその姿《すがた》は、まるで、まだ土《つち》の中《なか》で眠《ねむ》っているかえるをのぞきこんでいるようです。

「土《つち》の脈《しょう》」とは、大地《だいち》が目覚《めざ》め、脈打《みゃくう》ち、息《いき》づき始《はじ》めること。

第五候《だいごこう》

2月《がつ》24日《か》～28日《にち》ごろ

かすみ はじめて たなびく

霞始靆

春《はる》は遠《とお》くの景色《けしき》が霞《かすみ》がかって、ぼんやりして見《み》えます。夜《よる》だと霞《かすみ》ではなく「おぼろ」と呼《よ》ばれ、ぼやけた月《つき》のうす明《あ》かりの中《なか》、山《やま》や民家《みんか》がやわらかく浮《う》かび上《あ》がります。

第六候《だいろっこう》

2月《がつ》29日《にち》・3月《がつ》1日《たち》～4日《か》ごろ

そうもく もえ いずる

草木萌動

地面《じめん》からは草《くさ》の芽《め》が生《は》え、木《き》の枝《えだ》には新芽《しんめ》があふれ、若々《わかわか》しくいろどられた風景《ふうけい》に小犬《こいぬ》たちも、わくわく心浮《こころう》き立《た》ちます。

雨水《うすい》のこよみ　今日《きょう》にまつわる季節《きせつ》の言葉《ことば》

2月《がつ》

19

雨水《うすい》
（2月《がつ》19日《にち》ごろ）

雪《ゆき》が解《と》けて川《かわ》の水《みず》が増《ふ》えてきます。雪解《ゆきど》け水《みず》で川《かわ》がにごる様子《ようす》を「雪《ゆき》にごり」と呼《よ》びます。

20

春一番《はるいちばん》がやって来《く》るころです。春一番《はるいちばん》は立春《りっしゅん》を過《す》ぎて初《はじ》めて吹《ふ》く、とても強《つよ》い南風《みなみかぜ》のこと。

21

よもぎを見《み》つけたら、新芽《しんめ》のやわらかい所《ところ》をつみましょう。

22

春会式《はるえしき》（～23日《にち》）

聖徳太子《しょうとくたいし》の命日《めいにち》に行《おこな》われる縁日法要《えんにちほうよう》です。たくさんの市《いち》が並《なら》びます。兵庫県太子町《ひょうごけんたいしちょう》、斑鳩寺《いかるがでら》。

「222＝ニャーニャーニャー」の語呂合《ごろあ》わせでねこの日《ひ》です。

23

五大力尊仁王会《ごだいりきそんにんのうえ》

15ページ

野焼《のや》きや山焼《やまや》きが行《おこな》われるころ。灰《はい》は肥料《ひりょう》となり、新《あたら》しい草《くさ》の成長《せいちょう》を助《たす》けます。

24

幸在祭《さんやれさい》 15ページ

水戸《みと》の梅《うめ》まつり
（2月下旬《がつげじゅん》～3月《がつ》31日《にち》）

茨城県水戸市《いばらきけんみとし》の偕楽園《かいらくえん》、弘道館《こうどうかん》。明治時代《めいじじだい》に水戸《みと》・上野間《うえのかん》に鉄道《てつどう》が通《とお》ったことにより、観梅列車《かんばいれっしゃ》が運行《うんこう》されたのが祭《まつ》りの始《はじ》まりです。

25

北野天満宮《きたのてんまんぐう》梅花祭《ばいかさい》

京都府京都市《きょうとふきょうとし》、北野天満宮《きたのてんまんぐう》。天満宮《てんまんぐう》には菅原道真《すがわらのみちざね》がまつられています。命日《めいにち》のこの日《ひ》、全国《ぜんこく》の天満宮《てんまんぐう》で供養《くよう》や梅祭《うめまつ》りが行《おこな》われます。

26

寒気《かんき》の影響《えいきょう》で寒《さむ》さがぶり返《かえ》すことがありますが、それを「冴返《さえかえ》る」といいます。

27

ぼんやり白《しろ》く霞《かすみ》がかっていることが多《おお》い春《はる》の空《そら》の色《いろ》を、昔《むかし》の人《ひと》は「浅緑《あさみどり》」と言《い》い表《あらわ》しました。さあ、今日《きょう》の空《そら》は何色《なにいろ》に見《み》えますか？

28

「いぬふぐり星《ほし》のまたたく如《ごと》くなり（高浜虚子《たかはまきょし》）」青《あお》くて小《ちい》さな、おおいぬのふぐりの花《はな》が咲《さ》きほこるころです。

29

うるう日《び》

1年《ねん》は365日《にち》ですが、実際《じっさい》に地球《ちきゅう》が太陽《たいよう》の周《まわ》りを一周《いっしゅう》する長《なが》さは365.242199日《にち》。そのため、4年《ねん》に1度《ど》2月《がつ》の終《お》わりにうるう日《び》を入《い》れて366日《にち》にすることで、ずれを調整《ちょうせい》しています。2月《がつ》29日《にち》がある年《とし》を「うるう年《どし》」と呼《よ》びます。

3月《がつ》

1

地面《じめん》を見《み》ると、小《ちい》さな草《くさ》の芽《め》が、じゅうたんのように顔《かお》を出《だ》しています。その様子《ようす》を「下萌《したも》え」といいます。

2

若狭《わかさ》のお水送《みずおく》り

15ページ

冬《ふゆ》から春《はる》にかけ、露地《ろじ》ものに先《さき》がけてビニールハウス農園《のうえん》ではいちご狩《が》りが楽《たの》しめます。

3

ひな祭《まつ》り

14ページ

淡島神社雛流《あわしまじんじゃひななが》し

白木《しらき》の船《ふね》でひな人形《にんぎょう》を海《うみ》に流《なが》します。和歌山県和歌山市《わかやまけんわかやまし》、淡島神社《あわしまじんじゃ》。

4

深大寺《じんだいじ》だるま市《いち》（3日《か》～）

東京都調布市《とうきょうとちょうふし》の深大寺《じんだいじ》では、厄除元三大師大祭《やくよけがんざんだいしたいさい》のだるま市《いち》が開《ひら》かれます。深大寺《じんだいじ》のだるまは、黒目《くろめ》のかわりにものごとの始《はじ》まりを意味《いみ》する仏教《ぶっきょう》の文字《もじ》を書《か》き入《い》れます。

風《かぜ》も光《ひかり》も春《はる》めいて

春《はる》になって最初《さいしょ》に吹《ふ》く強《つよ》い南風《みなみかぜ》を「春一番《はるいちばん》」と呼《よ》びます。春一番《はるいちばん》は木々《きぎ》の芽吹《めぶ》きをうながす喜《よろこ》びの風《かぜ》。まだ寒《さむ》さは残《のこ》りますが、少《すこ》しずつ春《はる》めいていく季節《きせつ》の移《うつ》ろいを楽《たの》しみましょう！

衣《い》のたのしみ

“寒干《かんぼ》し”で衣類《いるい》のお手入《てい》れ

2月《がつ》は空気《くうき》が冷《つめ》たく引《ひ》きしまり、湿気《しっけ》が少《すく》ない月《つき》でもあります。寒《さむ》い時期《じき》に行《おこな》う寒干《かんぼ》しは、衣類《いるい》にこもった湿気《しっけ》をとばして、虫食《むしく》いやカビを防《ふせ》ぐ効果《こうか》があるのです。

寒干《かんぼ》しのポイント

★天気《てんき》の良《よ》い日《ひ》、風通《かぜとお》しが良《よ》く、日光《にっこう》の当《あ》たらない場所《ばしょ》に干《ほ》します。
★部屋《へや》の中《なか》では、窓《まど》を2か所《しょ》開《あ》けて、風《かぜ》が通《とお》りぬけるようにしましょう。
★2～3日晴天《にちせいてん》が続《つづ》いた日《ひ》を選《えら》ぶと最適《さいてき》です。

食《しょく》のたのしみ

色鮮《いろあざ》やかな緑《みどり》の野菜《やさい》

春《はる》は若《わか》い葉《は》が出《で》てくるので、緑《みどり》の野菜《やさい》がたくさんあります。冬《ふゆ》から出回《でまわ》っている水菜《みずな》やせりも、春《はる》の食《しょく》たくによく似合《にあ》います。

よもぎ

よもぎは傷薬《きずぐすり》などに用《もち》いられてきた薬草《やくそう》です。強《つよ》い香《かお》りが厄除《やくよ》けにもなるとされてきました。この時期《じき》は若《わか》い葉《は》をつんで草《くさ》もちを作《つく》ります。

草《くさ》もち

ゆでて刻《きざ》んだよもぎの葉《は》をもちに練《ね》りこみ、緑《みどり》の美《うつく》しさと香《かお》りを楽《たの》しみます。

さやえんどう

まだ若《わか》いうちにとって、さやごと食《た》べるえんどう豆《まめ》です。さや同士《どうし》がこすれると衣《きぬ》ずれのような音《おと》がすることから「絹《きぬ》さや」とも呼《よ》ばれます。

絹《きぬ》さやとしらすぼしのおひたし

菜《な》の花《はな》

春野菜《はるやさい》らしい苦《にが》みもありますが、風味《ふうみ》良《よ》く栄養《えいよう》が豊富《ほうふ》です。花《はな》が開《ひら》く前《まえ》にいただきます。

菜《な》の花《はな》ちらし

住《じゅう》のたのしみ

「春眠暁《しゅんみんあかつき》を覚《おぼ》えず」の楽《たの》しみ方《かた》

春眠《しゅんみん》　暁《あかつき》を覚《おぼ》えず
処々《しょしょ》　啼鳥《ていちょう》を聞《き》く
夜来《やらい》　風雨《ふうう》の声《こえ》
花落《はなお》つる事《こと》を知《し》らず多少《たしょう》ぞ

春《はる》の眠《ねむ》りが心地良《ここちよ》いので、夜《よる》が明《あ》けたのにも気《き》づかないでうとうとしていると、あちこちで鳴《な》く鳥《とり》の声《こえ》が聞《き》こえる。昨夜《さくや》は嵐《あらし》の音《おと》もしていたけれど、花《はな》はたくさん散《ち》ってしまっただろうか。

右《みぎ》は「春暁《しゅんぎょう》」という中国《ちゅうごく》の有名《ゆうめい》な詩《し》です。春《はる》は気持《きも》ち良《よ》くてつい寝過《ねす》ごしてしまうという内容《ないよう》ですが、ふとんの中《なか》で耳《みみ》を澄《す》まして、「音《おと》」から春《はる》の気配《けはい》を感《かん》じ取《と》るのも楽《たの》しそうですね。

強《つよ》い風《かぜ》の音《おと》。「春一番《はるいちばん》」だ。
お父《とう》さんだいじょうぶかな。

春《はる》の雨《あめ》の音《おと》って、
とても静《しず》かだ。

ねこが大《おお》きな声《こえ》で鳴《な》いている。
あくびしてるみたい……。

朝《あさ》ご飯《はん》を作《つく》る台所《だいどころ》の音《おと》。
そろそろ起《お》きようかな。

新聞配達《しんぶんはいたつ》の音《おと》。
次《つぎ》はぼくの家《いえ》だな。

飛魚《とびうお》（あご）

「春《はる》とび」と呼《よ》ばれるものが春先《はるさき》から出回《でまわ》ります。刺身《さしみ》や塩焼《しおや》きにしたり、煮干《にぼ》しからおいしいだしをとったりします。

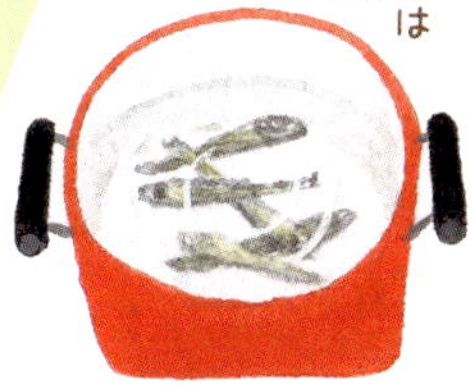

あごのだしは
とても上品《じょうひん》
な味《あじ》

七十二候手帖　しちじゅうにこうてちょう

「木《こ》の芽《め》」のつく言葉《ことば》を探《さが》そう

木《こ》の芽時《めどき》

一日《いちにち》の平均気温《へいきんきおん》が5度以上《どいじょう》になると、草木《くさき》は芽生《めば》えのときをむかえます。緑《みどり》や黄緑《きみどり》に、紅《べに》をふくむ新芽《しんめ》もまじり、美《うつく》しい景色《けしき》が広《ひろ》がります。新芽《しんめ》が萌《も》え出《だ》すこの時期《じき》を「木《こ》の芽時《めどき》」と呼《よ》びます。植物《しょくぶつ》も動物《どうぶつ》もエネルギーに満《み》ちる生《い》き生《い》きとした季節《きせつ》ですが、気温《きおん》が変《か》わりやすい木《こ》の芽時《めどき》は、わたしたち人間《にんげん》にとって、体調《たいちょう》をくずしやすいころでもあるので注意《ちゅうい》が必要《ひつよう》ですよ。

木《こ》の芽起《めお》こし

木《こ》の芽時《めどき》に降《ふ》る雨《あめ》のことを、「木《こ》の芽起《めお》こし」と呼《よ》びます。この時期《じき》の雨《あめ》は、ひと雨《あめ》ごとに木《こ》の芽《め》をふくらませ、芽生《めば》えをうながします。「春《はる》だよ、起《お》きようよ」と雨《あま》つぶが木々《きぎ》をゆすっているようですね。

木《き》の芽和《めあ》え

「木《き》の芽《め》」といえば、特《とく》にさんしょうの芽《め》を指《さ》す呼《よ》び名《な》でもあります。強《つよ》い香《かお》りを持《も》ち、古《ふる》くから香辛料《こうしんりょう》として使《つか》われてきました。同《おな》じく春《はる》の旬《しゅん》「たけのこ」の木《き》の芽和《めあ》えは、季節《きせつ》を代表《だいひょう》する家庭料理《かていりょうり》です。

健《すこ》やかな成長《せいちょう》を願《ねが》う

3月《がつ》のひな祭《まつ》りや、5月《がつ》の端午《たんご》の節句《せっく》、子《こ》どもの成長《せいちょう》や幸《しあわ》せを祝《いわ》う行事《ぎょうじ》は、いつの時代《じだい》もみんなの笑顔《えがお》や喜《よろこ》びにあふれるものです。

3月《がつ》3日《か》 ひな祭《まつ》り

ひな人形《にんぎょう》

ひな祭《まつ》りに飾《かざ》る人形《にんぎょう》です。男《お》びなと女《め》びな、三人官女《さんにんかんじょ》などを飾《かざ》り、桃《もも》の花《はな》やひしもちを供《そな》えます。つるしびなや流《なが》しびななど、全国各地《ぜんこくかくち》にさまざまなひな人形《にんぎょう》があります。

ひな祭《まつ》りは、もともと人形《ひとがた》で体《からだ》をなでてけがれを移《うつ》し、海《うみ》や川《かわ》に流《なが》した「上巳《じょうし》の祓《はら》え」と、「ひいな遊《あそ》び」が結《むす》びついたものです。女の子の健康と成長を願って、人形《ひとがた》に災厄《さいやく》をたくし、はらい清《きよ》める意味《いみ》合《あ》いがあります。また、旧暦《きゅうれき》の3月《がつ》3日《か》が桃《もも》の花盛《はなざか》りの時期《じき》であったため、「桃《もも》の節句《せっく》」と呼《よ》ばれます。

つるしびな

生《う》まれた女《おんな》の子《こ》が衣食住《いしょくじゅう》に困《こま》らないようにと、お母《かあ》さんやおばあさん、近所《きんじょ》の人《ひと》が思《おも》いをこめて作《つく》り、持《も》ち寄《よ》った小《ちい》さな人形《にんぎょう》をたくさんつるします。

流《なが》しびな

紙《かみ》で作《つく》ったひな人形《にんぎょう》を、桟俵《さんだわら》(わらで作《つく》った船《ふね》)などに乗《の》せて川《かわ》や海《うみ》に流《なが》し、けがれや災《わざわ》いをはらいます。ひな祭《まつ》りの起源《きげん》を伝《つた》える風習《ふうしゅう》ともいえます。

ひな祭《まつ》りのごちそう

はまぐりの潮汁《うしおじる》

はまぐりは左右《さゆう》の貝《かい》がぴったり合《あ》うのが一組《ひとくみ》しかないことから、幸《しあわ》せな結婚《けっこん》を願《ねが》う縁起物《えんぎもの》に。「貝合《かいあわ》せ」という遊《あそ》びにも使《つか》われました。

ちらしずし

ひな祭《まつ》りにちらしずしが食《た》べられるようになったのは近代《きんだい》のことです。春《はる》らしいいろどりが食卓《しょくたく》を華《はな》やかに飾《かざ》ります。

ひしもち

赤《あか》のもちにはくちなしの実《み》、緑《みどり》には厄除《やくよ》けの意味《いみ》もある薬草《やくそう》のよもぎが入《い》れられています。

白酒《しろざけ》

あまくてにごったお酒《さけ》。桃《もも》の花《はな》を浮《う》かべた桃花酒《とうかしゅ》は、魔除《まよ》けになるといわれました。あまくてもお酒《さけ》なので、飲《の》むのは大人《おとな》になってからですよ。

ひなあられ

もち米《ごめ》をいって、砂糖《さとう》でくるんだあまいお菓子《かし》です。

2月《がつ》23日《にち》 五大力尊仁王会《ごだいりきそんにんのうえ》
京都府《きょうとふ》 京都市《きょうとし》

醍醐寺《だいごじ》で「五大力《ごだいりき》さん」として親《した》しまれている行事《ぎょうじ》です。災難除《さいなんよ》けのお守《まも》りとしていただく五大明王《ごだいみょうおう》の「御影《みえい》」を求《もと》めて、全国《ぜんこく》からたくさんの参拝者《さんぱいしゃ》がおとずれます。奉納《ほうのう》に行《おこな》われる「餅上《もちあ》げ」には、毎年《まいとし》、力《ちから》じまんが大集合《だいしゅうごう》。

2月《がつ》24日《か》 幸在祭《さんやれさい》
京都府《きょうとふ》 京都市《きょうとし》

数《かぞ》え年《どし》で15歳《さい》の男子《だんし》を「あがり」と呼《よ》び、元服《げんぷく》（大人入《おとないい》り）を祝《いわ》う行事《ぎょうじ》です。早朝《そうちょう》から列《れつ》を組《く》み、太鼓《たいこ》やかねを打《う》ち鳴《な》らして「おーめでとうござる」と町内《ちょうない》を練《ね》り歩《ある》きます。上賀茂神社《かみがもじんじゃ》へ参拝《さんぱい》し、神様《かみさま》に報告《ほうこく》すると、大人《おとな》の仲間入《なかまい》り。幸在《さんやれ》は「幸《さち》在《あ》れ」という意味《いみ》です。

3月《がつ》2日《か》 若狭《わかさ》のお水送《みずおく》り
福井県《ふくいけん》 小浜市《おばまし》

神宮寺《じんぐうじ》で行《おこな》われる、香水《こうずい》（清《きよ》める水《みず》）を遠敷川《おにゅうがわ》の「鵜《う》の瀬《せ》」に注《そそ》ぐ行事《ぎょうじ》です。香水《こうずい》は10日《か》間《かん》かけて奈良東大寺二月堂《ならとうだいじにがつどう》「若狭井《わかさい》」に届《とど》くという伝説《でんせつ》にもとづいています。豊作《ほうさく》を願《ねが》う神事《しんじ》などの後《あと》、3000人《にん》ほどの松明《たいまつ》行列《ぎょうれつ》が「鵜《う》の瀬《せ》」に向《む》かう壮麗《そうれい》な行事《ぎょうじ》です。

「梅見《うめみ》」に出《で》かけよう

左《ひだり》の和歌《わか》は、平安時代《へいあんじだい》の学者《がくしゃ》・政治家《せいじか》として有名《ゆうめい》な菅原道真《すがわらのみちざね》が、京《きょう》の都《みやこ》から現在《げんざい》の福岡県太宰府《ふくおかけんだざいふ》に左遷《させん》されるときに詠《よ》んだものです。その後《ご》、主《あるじ》をしたう梅《うめ》の木《き》が都《みやこ》から太宰府《だざいふ》へ飛《と》んで行《い》き、根《ね》づいて花《はな》を咲《さ》かせたといわれています。これが太宰府《だざいふ》に残《のこ》る梅《うめ》の木《き》「飛梅《とびうめ》」の伝説《でんせつ》です。梅《うめ》の花《はな》は、古来《こらい》より多《おお》くの人《ひと》に愛《あい》されてきました。日本《にほん》の早春《そうしゅん》を感《かん》じに、梅見《うめみ》に出《で》かけましょう。

東風《こち》ふかば　にほひおこせよ　梅《うめ》の花《はな》
あるじなしとて　春《はる》な忘《わす》れそ

「東風《こち》（春風《はるかぜ》）が吹《ふ》いたら
花《はな》を咲《さ》かせて、その香《かお》りを
太宰府《だざいふ》まで送《おく》っておくれ。
私《わたし》がいなくなっても、春《はる》に
なったのを忘《わす》れないでくれ」

季節《きせつ》のあれこれ

俳句《はいく》

三月《さんがつ》の土《つち》を落《お》としてこんばんは

季語《きご》　春《はる》の土《つち》
作者《さくしゃ》　坪内稔典《つぼうちねんてん》

花《か》だんや畑《はたけ》で、土《つち》いじりをしていたのかもしれませんね。

和菓子《わがし》

さわらび

芽《め》を出《だ》したばかりのわらび「早蕨《さわらび》」の風情《ふぜい》を、ほんのり緑《みどり》と焼印《やきいん》で表現《ひょうげん》しています。中《なか》にはこしあんが包《つつ》まれています。

読書《どくしょ》

『旅《たび》をする木《き》』

星野道夫《ほしのみちお》 作《さく》
（文藝春秋《ぶんげいしゅんじゅう》）

アラスカで暮《く》らしていた作者《さくしゃ》のエッセイ集《しゅう》。表題作《ひょうだいさく》は雪解《ゆきど》けの洪水《こうずい》に流《なが》されても自然界《しぜんかい》の中《なか》で幸運《こううん》に一生《いっしょう》を終《お》えたトウヒの大木《たいぼく》に、思《おも》いを寄《よ》せたお話《はなし》です。

啓蟄《けいちつ》

3月《がつ》5日《か》～19日《にち》ごろ

啓蟄《けいちつ》は「蟄虫戸《ちっちゅうと》を啓《ひら》く」という意味《いみ》。「蟄虫《ちっちゅう》」は地中《ちちゅう》で冬越《ふゆご》しする虫《むし》のこと、「戸《と》を啓《ひら》く」は土《つち》の中《なか》からはい出《だ》す様子《ようす》を擬人化《ぎじんか》しています。中国《ちゅうごく》の古《ふる》い書《しょ》にある言葉《ことば》です。

第七候《だいしちこう》 すごもりむし とを ひらく

3月《がつ》5日《か》～9日《か》ごろ

蟄虫啓戸

土《つち》が温《あたた》まり、
かえるが冬眠《とうみん》から
目覚《めざ》めました。
地上《ちじょう》ではもう、
小《ちい》さな虫《むし》たちが
起《お》きていそがしく
動《うご》き回《まわ》っていますね。
だんご虫《むし》が、かえるを
むかえてくれました。

第八候《だいはちこう》 もも はじめて わらう

3月《がつ》10日《か》～14日《か》ごろ

桃始笑

花《はな》が開《ひら》くことも
「笑《わら》う」と表現《ひょうげん》します。
旧暦《きゅうれき》の3月《がつ》3日《か》は、
現在《げんざい》の3月下旬《がつげじゅん》。
桃《もも》の節句《せっく》のひな祭《まつ》りは、
まさに桃《もも》の花《はな》が
にこやかに笑《わら》う、
花盛《はなざか》りのころでした。

第九候《だいきゅうこう》 なむし ちょうと なる

3月《がつ》15日《にち》～19日《にち》ごろ

菜虫化蝶

もんしろちょうが
ひらひらと飛《と》んでいます。
厳《きび》しい冬《ふゆ》を越《こ》したさなぎが、
羽化《うか》して美《うつく》しいちょうに
変身《へんしん》したのです。

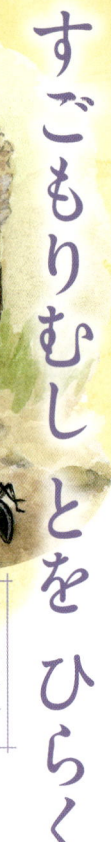

啓蟄《けいちつ》のこよみ　今日《きょう》にまつわる季節《きせつ》の言葉《ことば》

3月《がつ》

5
啓蟄《けいちつ》（3月《がつ》5日《か》ごろ）

こぶしの花《はな》が咲《さ》くころ。こぶしのことを田打桜《たうちざくら》と呼《よ》び、このころから田打作業《たうちさぎょう》を始《はじ》める地方《ちほう》があります。

6
太宰府天満宮《だざいふてんまんぐう》曲水《きょくすい》の宴《えん》
（3月《がつ》の第《だい》1日曜日《にちようび》）

庭園《ていえん》を流《なが》れる清水《しみず》に盃《さかずき》を流《なが》し、自分《じぶん》の前《まえ》を過《す》ぎないうちに和歌《わか》を作《つく》ります。けがれをはらい清《きよ》める、みやびな神事《しんじ》です。

7
冬眠《とうみん》から目覚《めざ》めたひきがえるが、住宅街《じゅうたくがい》の真《ま》ん中《なか》をのっそり歩《ある》いている姿《すがた》を見《み》かけることがあります。

8
あまずっぱいじんちょうげの香《かお》りがするころ。どこで咲《さ》いているのか、においをたよりに探《さが》してみましょう。

9
鹿島《かしま》の祭頭祭《さいとうさい》
鎧兜姿《よろいかぶとすがた》の5、6歳《さい》の男《おとこ》の子《こ》を祭《まつ》りの大将《たいしょう》に、はやし人《びと》たちが円《えん》になり180cmの樫棒《かしぼう》を打《う》ち合《あ》わせながら後《あと》に続《つづ》きます。祭頭《さいとう》ばやしと五色《ごしき》の衣装《いしょう》が華《はな》やかです。茨城県鹿嶋市《いばらきけんかしまし》、鹿島神宮《かしまじんぐう》。

10
帆手祭《ほてまつり》
宮城県塩竈市《みやぎけんしおがまし》、鹽竈神社《しおがまじんじゃ》。火《ひ》除《よ》けの祭《まつ》りとして始《はじ》まりました。神社《じんじゃ》の202段《だん》もある急《きゅう》な表参道《おもてさんどう》を、重《おも》さ1トンもの神輿《みこし》が下《お》りる様子《ようす》は、“しおがまさまの荒《あら》みこし”と呼《よ》ばれるほどの迫力《はくりょく》です。

11
「山笑《やまわら》う」とは、萌《も》え出《だ》した木々《きぎ》の新芽《しんめ》で、あわい緑《みどり》に色《いろ》づいてゆく山《やま》の楽《たの》しそうな様子《ようす》。

12
東大寺《とうだいじ》のお水取《みずと》り
(3月《がつ》1日《たち》～14日《か》) 20ページ

冬《ふゆ》の小寒《しょうかん》から春《はる》の穀雨《こくう》まで、それぞれの花《はな》を咲《さ》かせるという花《か》信風《しんふう》が吹《ふ》きます。このころの風《かぜ》は桃《もも》の花《はな》を咲《さ》かせてくれます。

13
春日祭《かすがさい》
1000年以上《ねんいじょう》の歴史《れきし》を持《も》ち、和舞《やまとまい》など昔《むかし》の儀式《ぎしき》の様子《ようす》を残《のこ》しています。国家《こっか》の安《やす》らかな平和《へいわ》と国民《こくみん》の繁栄《はんえい》を祈《いの》ります。奈良《なら》県奈良市《けんならし》、春日大社《かすがたいしゃ》。

14
ホワイトデー
21ページ

まだ急《きゅう》に気温《きおん》が下《さ》がることもあります。春《はる》の雪《ゆき》は雪片《せっぺん》がふんわり大《おお》きく解《と》けやすくて、「淡雪《あわゆき》」「ぼたん雪《ゆき》」と呼《よ》ばれます。

15
涅槃会《ねはんえ》
(3月《がつ》15日《にち》ごろ) 20ページ

春日大社御田植神事《かすがたいしゃおたうえしんじ》
21ページ

げんげ（れんげ）の花《はな》が咲《さ》いて、見渡《みわた》す限《かぎ》りの花畑《はなばたけ》に。

16
十六団子《じゅうろくだんご》の日《ひ》
21ページ

「のの様《さま》」は目《め》に見《み》えない尊《とうと》いものを呼《よ》ぶ言葉《ことば》。さて、山野《さんや》に生《は》えるぜんまいの芽《め》も、「の」の字《じ》に見《み》えますね。

17
藤守《ふじもり》の田遊《たあそ》び
田遊《たあそ》びとは、収穫《しゅうかく》までの農作業《のうさぎょう》を演《えん》じて神様《かみさま》に奉納《ほうのう》する神事《しんじ》です。藤《ふじ》守《もり》の田遊《たあそ》びは、少年《しょうねん》たちが桜《さくら》の造花《ぞうか》で飾《かざ》った冠《かんむり》をかぶり、御幣《ごへい》と呼《よ》ばれる白《しろ》い紙《かみ》をたくさん背《せ》負《お》って踊《おど》ります。静岡県焼津市《しずおかけんやいづし》、大井八幡宮《おおいはちまんぐう》。

18
杉《すぎ》の花粉《かふん》が飛《と》ぶ最盛期《さいせいき》は3月《がつ》から4月《がつ》の初《はじ》めごろ。花粉症《かふんしょう》の人《ひと》にとっては、マスクの外《はず》せない時期《じき》です。

19
なずなの花《はな》が咲《さ》いています。花《はな》の実《み》が三味線《しゃみせん》のばちに似《に》ていることから、三味線草《しゃみせんぐさ》、ぺんぺん草《ぐさ》とも呼《よ》ばれます。

春《はる》の陽気《ようき》にさそわれて

土《つち》も水《みず》も温《あたた》まり、空《そら》の光《ひかり》も明《あか》るくなります。日々《ひび》の暮《く》らしの中《なか》にも、春《はる》の喜《よろこ》びがしみ渡《わた》っていきます。

衣《い》のたのしみ 春服《はるふく》に着《き》がえて

町《まち》を行《ゆ》く人々《ひとびと》の服装《ふくそう》が、明《あか》るく軽《かろ》やかな春服《はるふく》に変《か》わってきました。春《はる》になってはずむ心《こころ》が、外見《がいけん》にも現《あらわ》れているみたいですね。

春《はる》コート
厚手《あつで》のコートから軽《かろ》やかな春《はる》のコートへ
あわい色《いろ》
パステルカラーの服《ふく》を着《き》ている人《ひと》が多《おお》くなる
冬物《ふゆもの》のコートを脱《ぬ》いで、手《て》にかけている人《ひと》も
ショール
防寒目的《ぼうかんもくてき》よりもおしゃれのための素材《そざい》や色合《いろあ》いに
明《あか》るいがら
花《はな》がらや水玉《みずたま》など明《あか》るいがらの服《ふく》が多《おお》くなる

食《しょく》のたのしみ 春《はる》を告《つ》げる山《やま》の幸《さち》、海《うみ》の幸《さち》

山《やま》では山菜《さんさい》が芽《め》を出《だ》すころ。アク（渋《しぶ》み・えぐみ）の強《つよ》いものは、その山菜《さんさい》に合《あ》わせた方法《ほうほう》でアクぬきをします。一手間《ひとてま》をかけるのも「食《しょく》」の楽《たの》しみのうちですよ。

野生《やせい》の山菜《さんさい》

わらび
アクが強《つよ》い山菜《さんさい》です。おひたしにして、ぬめり感《かん》のある歯《は》ごたえを楽《たの》しんで。

山《やま》うど
アクが強《つよ》く苦《にが》みがありますが、独特《どくとく》の香《かお》りが楽《たの》しめます。

つくし
はかまをていねいに取《と》っておひたしに。アクぬきが必要《ひつよう》です。

はかま

山菜《さんさい》は全部《ぜんぶ》とりつくさないようにして、また来年《らいねん》も同《おな》じ山《やま》の恵《めぐ》みをいただけるようにします

ぜんまい
若芽《わかめ》をアクぬきした後《あと》、乾燥品《かんそうひん》にします。煮物《にもの》などに。

やぶれがさ
葉《は》が開《ひら》ききらない新芽《しんめ》を、天《てん》ぷらや和《あ》えものに。

のびる
にんにくの香《かお》りがあります。ゆでるとあま味《み》がでます。

たらの芽《め》
若《わか》い芽《め》をつみます。香《かお》りや適度《てきど》なほろ苦《にが》さから、「山菜《さんさい》の王様《おうさま》」とも呼《よ》ばれます。

住《じゅう》のたのしみ

窓《まど》を開《あ》ければ春《はる》の風《かぜ》

日中《にっちゅう》は暖房《だんぼう》がいらなくなってきます。窓《まど》を開《あ》けて、春《はる》の風《かぜ》を招《まね》き入《い》れましょう。冬《ふゆ》の間《あいだ》、放《ほお》っておいた庭《にわ》の手入《てい》れをするにも、さわやかな季節《きせつ》です。

北窓開《きたまどひら》く

昔《むかし》は、冬《ふゆ》の間《あいだ》「目張《めば》り」してすきま風《かぜ》を防《ふせ》ぎ、春《はる》に外《はず》しました。北窓《きたまど》が開《ひら》かれると家《いえ》の中《なか》がぱっと、明《あか》るくなります。

垣根《かきね》の修《しゅう》ぜん

冬《ふゆ》の間《あいだ》、雪《ゆき》や雨風《あまかぜ》にさらされた垣根《かきね》は、相当《そうとう》いたんでいるもの。新《あたら》しいくいやなわを使《つか》って、形《かたち》を整《ととの》えます。雪《ゆき》の多《おお》い地方《ちほう》では春《はる》に欠《か》かせない作業《さぎょう》です。

海《うみ》の水《みず》も温《ぬる》み、日《ひ》の当《あ》たる浅瀬《あさせ》で育《そだ》つ海藻《かいそう》が、旬《しゅん》をむかえます。

ひじき

ひじきの煮物《にもの》

わかめ

ほたるいか

体《からだ》に発光器《はっこうき》を持《も》ち、青白《あおじろ》く光《ひか》る小《ち》さないかです。富山湾《とやまわん》のほたるいか漁《りょう》は、春《はる》の風物詩《ふうぶつし》です。

ほたるいかとわかめのすみそあえ

さわら

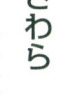

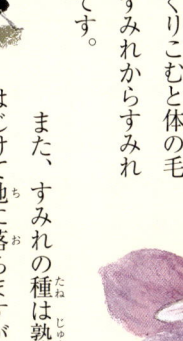

さわらは魚《うお》へんに春《はる》と書《か》きます(鰆《さわら》)。まぐろの仲間《なかま》で刺身《さしみ》にしてもおいしく、焼《や》くとさっぱりした味《あじ》です。

ムニエルなど洋風《ようふう》の料理《りょうり》にも合《あ》う

七十二候手帖 しちじゅうにこうてちょう

啓蟄《けいちつ》の虫《むし》とかしこいすみれ

すみれの花《はな》をよく見《み》ると、後《うし》ろに細長《ほそなが》いふくろのような部分《ぶぶん》があります。ここは、みつが入《はい》っているところです。虫《むし》がみつを吸《す》うために花《はな》の中《なか》にもぐりこむと体《からだ》の毛《け》に花粉《かふん》がつき、すみれからすみれへ花粉《かふん》を運《はこ》ぶのです。

また、すみれの種《たね》は熟《じゅく》すとふさからはじけて地《ち》に落《お》ちますが、その場所《ばしょ》で発芽《はつが》すると、親《おや》のすみれと土《つち》の養分《ようぶん》を取《と》り合《あ》うことになってしまいます。そこで、ありにもう少《すこ》し遠《とお》くへ運《はこ》ぶ手伝《てつだ》いをしてもらいます。すみれの種《たね》についているカルンクルという小《ちい》さな物質《ぶっしつ》が、ありのえさになるのです。

すみれは小《ちい》さく目立《めだ》たないのですが、ほかの野《の》の花《はな》より早《はや》めに花《はな》を開《ひら》き、啓蟄《けいちつ》の虫《むし》たちの手《て》をかりて子孫《しそん》を残《のこ》す工夫《くふう》をしているのです。

行事《ぎょうじ》が伝《つた》える春《はる》の到来《とうらい》

「お水取《みずと》りが終《お》わると春《はる》が来《く》る」「春《はる》になると卒業式《そつぎょうしき》」など、行事《ぎょうじ》やお祭《まつ》りは大切《たいせつ》な季節《きせつ》を感《かん》じさせてくれます。早春《そうしゅん》を過《す》ぎ、いよいよ本格的《ほんかくてき》に春《はる》を実感《じっかん》できるころです。

東大寺《とうだいじ》のお水取《みずと》り

3月《がつ》1―14日《か》

奈良県《ならけん》奈良市《ならし》

752年《ねん》以来《いらい》途絶《とだ》えたことがない、奈良時代《ならじだい》から続《つづ》く伝統《でんとう》行事《ぎょうじ》です。僧《そう》たちが人々《ひとびと》に代《か》わって罪《つみ》をざんげし、観音様《かんのんさま》に人々《ひとびと》の幸《しあわ》せや豊《ゆた》かな実《みの》りを祈《いの》ります。12日《にち》はより大《おお》きな松明《たいまつ》がたかれ、「若狭《わかさ》のお水送《みずおく》り」（15ページ）で若狭《わかさ》から届《とど》けられたとされる香水《こうずい》をくみ取《と》り、観音《かんのん》様《さま》にささげられます。松明《たいまつ》の火《ひ》の粉《こ》は健康《けんこう》をもたらすといわれるため、毎年《まいとし》多《おお》くの人《ひと》が参拝《さんぱい》します。お水取《みずと》りが終《お》わるころ、奈良《なら》に暖《あたた》かい春《はる》がやって来《き》ます。

涅槃会《ねはんえ》

3月《がつ》15日《にち》ごろ（旧暦《きゅうれき》2月《がつ》15日《にち》）

「涅槃会《ねはんえ》」は、仏教《ぶっきょう》を開《ひら》いた釈迦《しゃか》が亡《な》くなった、旧暦《きゅうれき》の2月《がつ》15日《にち》に行《おこな》われる法要《ほうよう》です。釈迦《しゃか》が残《のこ》した教《おし》えや徳《とく》に感謝《かんしゃ》する行事《ぎょうじ》で、お寺《てら》の本堂《ほんどう》に釈迦《しゃか》の臨終《りんじゅう》を描《えが》いた「涅槃図《ねはんず》」をかかげ、読経《どきょう》があげられます。涅槃図《ねはんず》は〝悟《さと》りの世《せ》界《かい》〟を表《あらわ》しているといわれます。

「悟《さと》り」とは、物事《ものごと》の真《しん》の意味《いみ》を理解《りかい》すること。

3月《がつ》16日《にち》
十六団子《じゅうろくだんご》の日《ひ》

春《はる》になって山《やま》から下《お》りてくる田《た》の神様《かみさま》をむかえるために、米粉《こめこ》で団《だん》子《ご》を16個《こ》作《つく》ってお供《そな》えします。この日《ひ》は天気《てんき》が荒《あ》れやすく、田《た》んぼに出《で》てはいけないともいわれています。

3月《がつ》15日《にち》
春日大社御田植神事《かすがたいしゃおたうえしんじ》

奈良県《ならけん》
奈良市《ならし》

春日大社《かすがたいしゃ》で平安時代末期《へいあんじだいまっき》から続《つづ》く、豊《ゆた》かな実《みの》りを祈《いの》る神事《しんじ》です。八乙女《やおとめ》と呼《よ》ばれる巫女《みこ》たちが松苗《まつなえ》を用《もち》いて行《おこな》う田植《たうえ》舞《まい》が、神楽男《かぐらおとこ》の奏《かな》でる田《た》植歌《うえうた》に合《あ》わせて奉《ほう》納《のう》されます。

卒業式《そつぎょうしき》

小学校《しょうがっこう》、中学校《ちゅうがっこう》、高等学校《こうとうがっこう》など、学業《がくぎょう》をおさめて証書《しょうしょ》を受《う》ける式《しき》です。今《いま》までいっしょに過《す》ごした先生《せんせい》や友達《ともだち》との別《わか》れは悲《かな》しいものですが、未来《みらい》へ向《む》かって、新《あたら》しい旅立《たびだ》ちの始《はじ》まりです。

3月《がつ》14日《か》
ホワイトデー

今《いま》ではバレンタインデーのチョコレートのお返《かえ》しに、アメやクッキー、マシュマロなどをおくる日《ひ》として定着《ていちゃく》しました。

季節《きせつ》のあれこれ

俳句《はいく》

卒業《そつぎょう》の兄《あに》と来《き》ている堤《つつみ》かな

季語《きご》　卒業《そつぎょう》
作者《さくしゃ》　芝不器男《しばふきお》

「堤《つつみ》」は土手《どて》のこと。卒業《そつぎょう》した兄《あに》と土手《どて》に来《き》ているのです。

和菓子《わがし》

桃李《とうり》

「桃李《とうり》」とは、桃《もも》とすもものこと。どちらも春《はる》に美《うつく》しい花《はな》を咲《さ》かせます。春《はる》らしい色合《いろあ》いのきんとんを割《わ》ると、つぶあんが出《で》てきます。

読書《どくしょ》

『たのしいムーミン一家《いっか》』

トーベ・ヤンソン作《さく》
（講談社《こうだんしゃ》）

ムーミン谷《だに》が長《なが》い冬《とう》眠《みん》から目覚《めざ》めた、ある春《はる》の物語《ものがたり》。山《やま》のてっぺんで黒《くろ》いぼうしを見《み》つけてから、不思議《ふしぎ》な出来事《できごと》が起《お》こります。

春分《しゅんぶん》

3月《がつ》20日《か》～4月《がつ》3日《か》ごろ

春分《しゅんぶん》の日《ひ》は、太陽《たいよう》が赤道上《せきどうじょう》を通《とお》り、昼《ひる》と夜《よる》の長《なが》さがほぼ等《ひと》しくなります。ここを境《さかい》に日《ひ》がぐんぐんのびて、気候《きこう》はますます暖《あたた》かくなっていきます。

第十候《だいじっこう》 すずめ はじめて すくう

3月《がつ》20日《か》～24日《か》ごろ

雀始巣

おやおや。すずめが枯《か》れ草《くさ》や小枝《こえだ》をくわえて飛《と》びかっています。人《ひと》が暮《く》らす場所《ばしょ》にあるいろいろな所《ところ》に、卵《たまご》をかえすための巣《す》を作《つく》り始《はじ》めているのですよ。

第十一候《だいじゅういっこう》 さくら はじめて ひらく

3月《がつ》25日《にち》～29日《にち》ごろ

桜始開

今《いま》か今《いま》かと待《ま》ちに待《ま》った桜《さくら》の花《はな》が、ようやくほころび始《はじ》めました。桜《さくら》の笑顔《えがお》、満開《まんかい》の花《はな》の下《した》、見上《みあ》げる人々《ひとびと》にも笑顔《えがお》が広《ひろ》がります……。

第十二候《だいじゅうにこう》 かみなり すなわち こえを はっす

3月《がつ》30日《にち》～4月《がつ》3日《か》ごろ

雷乃発声

遠《とお》くの空《そら》でひと鳴《な》り、ふた鳴《な》り、「ゴロゴロ…」と雷《かみなり》が鳴《な》りひびきました。春《はる》の雷様《かみなりさま》の声《こえ》は恵《めぐ》みの雨《あめ》を呼《よ》ぶ声《こえ》でもあります。

春分《しゅんぶん》のこよみ 今日《きょう》にまつわる季節《きせつ》の言葉《ことば》

3月《がつ》

20

春分《しゅんぶん》（3月《がつ》20日《か》、もしくは21日《にち》ごろ）
▶40ページ

道後温泉《どうごおんせん》まつり
（3月《がつ》19日《にち》～21日《にち》ごろ） ▶26ページ

春《はる》の彼岸《ひがん》
（春分《しゅんぶん》の日《ひ》を真《ま》ん中《なか》にした7日間《かかん》）
▶27ページ

21

ひばりは1年中見《ねんじゅうみ》られる野鳥《やちょう》ですが、春《はる》は空高《そらたか》く舞《ま》い上《あ》がって「ピーチュル、ピーチュル」と特《とく》に美《うつく》しく鳴《な》きます。

22

「春《はる》の甲子園《こうしえん》」と呼《よ》ばれる選抜《せんばつ》高等学校野球大会《こうとうがっこうやきゅうたいかい》が、兵庫県《ひょうごけん》西宮市《にしのみやし》の阪神甲子園球場《はんしんこうしえんきゅうじょう》で始《はじ》まります。（3月下旬《がつげじゅん》から）

23

春《はる》をつかさどるのは佐保姫《さおひめ》という女神《めがみ》。奈良《なら》の東《ひがし》に位置《いち》する佐《さ》保山《おやま》にすんでいるといわれます。

24

たんぽぽの異名《いみょう》は「鼓草《つづみぐさ》」。つぼみが鼓《つづみ》という打楽器《だがっき》に似《に》ていて、子《こ》どもたちがタンポポ、テテポポと呼《よ》んだそうです。

25

菜種御供大祭《なたねごくうたいさい》
▶26ページ

春休《はるやす》み（27ページ）が始《はじ》まるころです。学年最後《がくねんさいご》の通知表《つうちひょう》をもらうのはドキドキですね。

26

「ふるさとは遠《とお》きにありて思《おも》うもの そして悲《かな》しくうたうもの」とうたった、詩人《しじん》・室生犀《むろうさい》星《せい》の命日《めいにち》です。

27

濃《こ》いむらさき色《いろ》のもくれんが咲《さ》くころです。古《ふる》くから庭木《にわき》として人々《ひとびと》に愛《あい》されてきました。

28

泥打祭《どろうちまつ》り
（3月《がつ》の第《だい》4日曜日《にちようび》）

▶純白《じゅんぱく》の神衣《かんころも》を着《き》た代宮司《だいぐうじ》が、少年《しょうねん》たちに、神田《しんでん》から運《はこ》ばれたどろを投《な》げつけられながら御神幸《ごしんこう》を行《おこな》います。白《しろ》い衣《ころも》にどろがつくほど、その年《とし》は豊作《ほうさく》であるといわれます。福岡県朝倉市《ふくおかけんあさくらし》、阿蘇神社《あそじんじゃ》。

29

春《はる》の暖《あたた》かい日《ひ》に、遠《とお》くがゆらいで見《み》えるのは「陽炎《かげろう》」です。地《じ》面《めん》から水蒸気《すいじょうき》が立《た》ちのぼるときに見《み》える現象《げんしょう》です。

30

薬師寺花会式《やくしじはなえしき》
（3月《がつ》25日《にち》～31日《にち》）
▶26ページ

「四《よ》つ葉《ば》のクローバー」でなじみの深《ふか》い、白詰草《しろつめくさ》があちらこちらに見《み》つけられます。

31

イースター（復活祭《ふっかつさい》）
（3月下旬《がつげじゅん》～4月上旬《がつじょうじゅん》・春分後《しゅんぶんご》の満月《まんげつ》の次《つぎ》にくる日曜日《にちようび》）
▶27ページ

桜《さくら》の咲《さ》くころは雨風《あまかぜ》が多《おお》いものですが、「花曇《はなぐも》り」「花《はな》の雨《あめ》」などと、とても美《うつく》しく表現《ひょうげん》されます。

4月《がつ》

1

エイプリルフール

▶罪《つみ》のないうそやいたずらが許《ゆる》される日《ひ》です。だまされないように用心《ようじん》しながら、人《ひと》を楽《たの》しませるような楽《たの》しいうそを考《かんが》えるにはユーモアも大切《たいせつ》。もともとは西洋《せいよう》の風習《ふうしゅう》です。

2

国際子《こくさいこ》どもの本《ほん》の日《ひ》
▶27ページ

岐阜県《ぎふけん》の飛騨古川《ひだふるかわ》では、池《いけ》で越冬《えっとう》させた鯉《こい》を、町中《まちなか》を流《なが》れる瀬戸川《せとがわ》に放《はな》します。清水《しみず》に鯉《こい》がもどる春《はる》の風物詩《ふうぶつし》です。（4月上旬《がつじょうじゅん》ごろ）

3

つくしの先《さき》っぽにてんとう虫《むし》がいました。

新《あたら》しい生活《せいかつ》に向《む》けて

学年《がくねん》や学校《がっこう》の大《おお》きな区切《くぎ》りとなる始《はじ》まりの季節《きせつ》です。新《あたら》しく学校《がっこう》で使《つか》う物《もの》を用意《ようい》したり、いつも使《つか》っている机周《つくえまわ》りなどをきれいに掃除《そうじ》して、良《よ》いスタートを切《き》る準備《じゅんび》をしましょう。

衣《い》のたのしみ　新入学《しんにゅうがく》・新学年《しんがくねん》の準備《じゅんび》

新《あたら》しい生活《せいかつ》に向《む》けて準備《じゅんび》をするのは、とても楽《たの》しいこと。入学《にゅうがく》するときはもちろん、ひとつ上《うえ》の学年《がくねん》に上《あ》がるときも、必要《ひつよう》な物《もの》をていねいに準備《じゅんび》しましょう。

新入学《しんにゅうがく》　必要《ひつよう》な物《もの》はそろったかな？

小学校《しょうがっこう》に上《あ》がるときのランドセル、中学校《ちゅうがっこう》や高等学校《こうとうがっこう》などに上《あ》がるときの新《あたら》しい制服《せいふく》。まだ先《さき》のことに思《おも》えていた新《あたら》しい生活《せいかつ》を、だんだん身近《みぢか》に感《かん》じ、わくわくしながら心《こころ》の準備《じゅんび》が整《ととの》います。

新学年《しんがくねん》　服《ふく》やうわばきのサイズは合《あ》っているかな？

小学生《しょうがくせい》から中学生《ちゅうがくせい》は、特《とく》に体《からだ》が成長《せいちょう》する年齢《ねんれい》です。服《ふく》が小《ちい》さくなっていると、成長《せいちょう》を感《かん》じてうれしい思《おも》いが胸《むね》にわき起《お》こります。

体《たい》そう服《ふく》やうわばきなど引《ひ》き続《つづ》き使《つか》うものは、きれいに洗《あら》っておきましょう。

おけいこバッグやうわばき入《い》れを、手作《てづく》りする家《いえ》も多《おお》くあります。

食《しょく》のたのしみ　春《はる》だけの特別《とくべつ》な味《あじ》

一年中《いちねんじゅう》スーパーで見《み》られる食《しょく》材《ざい》にも、その季節《きせつ》にしか食《た》べられない種類《しゅるい》や味《あじ》があります。特別《とくべつ》な旬《しゅん》の味《あじ》を楽《たの》しみましょう。

春《はる》キャベツ

葉《は》の巻《ま》き方《かた》がゆるく、緑《みどり》が濃《こ》く、水《すい》分《ぶん》が多《おお》めでやわらかい。サラダや浅《あさ》漬《づ》けなどにして、生《なま》で食《た》べるのが最《さい》適《てき》です。

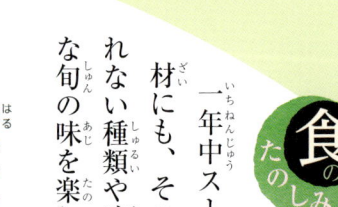

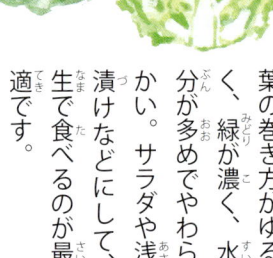

住《じゅう》のたのしみ

部屋《へや》の整理整《せいりせい》とんをしよう

新《あたら》しい学年《がくねん》になると、教科書《きょうかしょ》やノートなど持《も》ち物《もの》も増《ふ》えます。学校《がっこう》が始《はじ》まる前《まえ》に、自分《じぶん》の部屋《へや》や机《つくえ》を使《つか》いやすく整理整《せいりせい》とんしておきましょう。

整理整《せいりせい》とん 1

使《つか》う物《もの》と使《つか》わない物《もの》を考《かんが》える

使《つか》わない物《もの》をため続《つづ》けると、部屋《へや》が散《ち》らかっていきます。整理整《せいりせい》とんの第一歩《だいいっぽ》は、いらない物《もの》をきちんと捨《す》てること。そして、よく使《つか》う物《もの》は出《だ》しやすいように整理《せいり》しましょう。

机《つくえ》の引《ひ》き出《だ》しにゴミがいっぱい

古《ふる》い教科書《きょうかしょ》とノート、どうしよう

分類《ぶんるい》したら片付《かたづ》いたよ
ゴミ
もう使《つか》わないし、必要《ひつよう》もない物《もの》。
保存《ほぞん》
使《つか》わないけど、すぐに捨《す》てられない物《もの》。
出《だ》しやすい場所《ばしょ》に収納《しゅうのう》
また復習《ふくしゅう》するかもしれない1学年下《がくねんした》の教科書《きょうかしょ》。
小《ちい》さめの段《だん》ボールなどにまとめておし入《い》れへ…卒業《そつぎょう》などの節目《ふしめ》にまた改《あらた》めて必要《ひつよう》かどうか考《かんが》えることもできます
収納《しゅうのう》ボックスなどを利用《りよう》してね

整理整《せいりせい》とん 2

机《つくえ》の上《うえ》は広々《ひろびろ》と使《つか》う

机《つくえ》は学習《がくしゅう》するだけでなく、自分《じぶん》が落《お》ち着《つ》いてくつろげる場所《ばしょ》にしましょう。

大好《だいす》きな写真《しゃしん》や絵《え》など
新《あたら》しい時間割表《じかんわりひょう》をはるところ

新《しん》じゃがいも

丸《まる》ごと煮《に》っ転《ころ》がしに

主《おも》な産地《さんち》は長崎県《ながさきけん》や鹿児島県《かごしまけん》。小《こ》ぶりでみずみずしい。皮《かわ》がやわらかいので、丸《まる》ごと食《た》べられます。

新玉《しんたま》ねぎ

茶色《ちゃいろ》い皮《かわ》がついてない白《しろ》くつるんとした新玉《しんたま》ねぎ

玉《たま》ねぎの栄養分《えいようぶん》は水《みず》にとけます。新《しん》玉《たま》ねぎは、から味《み》が少《すく》なく、水《みず》にさらさずに生《なま》で食《た》べられるので、栄養《えいよう》価《か》が高《たか》いのです。

ほたて貝《がい》

北国《きたぐに》の冷《つめ》たい海《うみ》で育《そだ》ちます。産卵《さんらん》に備《そな》える冬《ふゆ》から春《はる》が、おいしいといわれます。

香《こう》ばしいグリル焼《や》き…焼《や》けてきたらバターをのせてしょうゆをたらします

七十二候手帖　しちじゅうにこうてちょう

桜《さくら》の開花予想《かいかよそう》と染井吉野《そめいよしの》

毎年《まいとし》、民間会社《みんかんがいしゃ》などによって桜《さくら》の開花予想日《かいかよそうび》が発表《はっぴょう》されます。桜《さくら》は600種《しゅ》類《るい》以上《いじょう》ありますが、主《おも》に観測《かんそく》されるのは染井吉野《そめいよしの》です。染井吉《そめいよし》野《の》は、江戸時代《えどじだい》の終《お》わりごろに江戸《えど》の染井村《そめいむら》（現在《げんざい》の豊島区《としまく》）で誕生《たんじょう》したのち、人気《にんき》の高《たか》い園《えん》芸種《げいしゅ》となり、つぎ木《き》やさし木《き》によってほぼ全国《ぜんこく》に広《ひろ》まっていきました。

染井吉野《そめいよしの》（上《うえ》）
緋寒桜《ひかんざくら》（下《した》）

染井吉野《そめいよしの》が生育《せいいく》しない沖《おき》縄県《なわけん》では、緋寒桜《ひかんざくら》が観測《かんそく》されます。日本《にほん》で一番早《いちばんはや》く、1月《がつ》に緋色《ひいろ》の花《はな》を咲《さ》かせます。

一方《いっぽう》、北海道《ほっかいどう》では染井吉野《そめいよしの》のほかに、えぞ山桜《やまざくら》も観測《かんそく》されます。開花《かいか》は九州《きゅうしゅう》から約《やく》2か月後《げつご》の5月《がつ》ごろです。

えぞ山桜《やまざくら》

うららかな春《はる》の日《ひ》に

「暑《あつ》さ寒《さむ》さも彼岸《ひがん》まで」といわれます。晴《は》れの日《ひ》はもちろん、雨《あめ》の日《ひ》もどこか明《あか》るい感《かん》じがします。何《なに》かにふと、手《て》を合《あ》わせたくなる、心《こころ》の区切《くぎ》りになる季節《きせつ》です。

3月《がつ》19―21日《にち》ごろ 道後温泉《どうごおんせん》まつり

愛媛県《えひめけん》松山市《まつやまし》

3000年《ねん》の歴史《れきし》をほこる道後温泉《どうごおんせん》。夏目漱石《なつめそうせき》の小説《しょうせつ》『坊《ぼ》っちゃん』にも登場《とうじょう》します。湯祈祷《ゆきとう》、長寿《ちょうじゅ》もちつき、道後温泉《どうごおんせん》おどり、時代《じだい》パレードなどが行《おこな》われ、道《どう》後《ご》の春《はる》を喜《よろこ》び合《あ》います。

3月《がつ》25日《にち》 菜種御供大祭《なたねごくうたいさい》

大阪府《おおさかふ》藤井寺市《ふじいでらし》

道明寺天満宮《どうみょうじてんまんぐう》で行《おこな》われる、菅原道真《すがわらのみちざね》にちなんだお祭《まつ》りで、「河内《かわち》の春《はる》ごと」として親《した》しまれています。そろいの衣装《いしょう》を着《き》た子《こ》どもたちが菜《な》の花《はな》をお供《そな》えします。菜種色《なたねいろ》に色《いろ》づけした団子《だんご》をいただくと、病気《びょうき》が治《なお》るといわれています。

3月《がつ》25―31日《にち》 薬師寺花会式《やくしじはなえしき》

奈良県《ならけん》奈良市《ならし》

薬師寺《やくしじ》の修二会《しゅにえ》を「花会式《はなえしき》」と呼《よ》びます。仏様《ほとけさま》に十種《じっしゅ》の造花《ぞうか》が供《そな》えられ、春《はる》にふさわしい華《はな》やかな行事《ぎょうじ》ですが、修二会《しゅにえ》に参加《さんか》した僧《そう》たちは、7日《か》の間厳《あいだきび》しい修行《しゅぎょう》に明《あ》け暮《く》れます。

「修二会《しゅにえ》」とは、奈良《なら》の大寺《おおでら》が国家《こっか》の繁栄《はんえい》や豊《ゆた》かな実《みの》りなどを祈《いの》る春《はる》の行事《ぎょうじ》をまとめた呼《よ》び名《な》です。「東大寺《とうだいじ》のお水取《みずと》り」（20ページ）も、修二会《しゅにえ》のひとつですよ。

3月《がつ》下旬《げじゅん》—4月上旬《がつじょうじゅん》
（春分後《しゅんぶんご》の満月《まんげつ》の次《つぎ》にくる日曜日《にちようび》）

イースター（復活祭《ふっかつさい》）

十字架《じゅうじか》にかけられたキリストが3日目《かめ》に復活《ふっかつ》したことを祝《いわ》うキリスト教《きょう》の最《もっと》も古《ふる》い祝日《しゅくじつ》。その昔《むかし》、春分《しゅんぶん》のころのお祭《まつ》りと混《ま》じり合《あ》ったと考《かんが》えられています。命《いのち》をもたらす春《はる》の象徴《しょうちょう》イースター・エッグは、復活祭《ふっかつさい》に欠《か》かせないおくり物《もの》です。

春分《しゅんぶん》の日《ひ》を真《ま》ん中《なか》にした7日間《かかん》

春《はる》の彼岸《ひがん》

彼岸《ひがん》とは、迷《まよ》い・悩《なや》みの多《おお》い現実世界《げんじつせかい》に対《たい》し、悟《さと》りの境地《きょうち》を表《あらわ》す仏教《ぶっきょう》の言葉《ことば》。西《にし》の彼方《かなた》にあるという極楽浄土《ごくらくじょうど》のことでもあります。そのため、太陽《たいよう》が真西《まにし》に沈《しず》む春分《しゅんぶん》と秋分《しゅうぶん》に、団子《だんご》やぼたもちを作《つく》り、ご先祖様《せんぞさま》のお墓参《はかまい》りをするようになりました。

ぼたもち

もち米《こめ》とうるち米《まい》を混《ま》ぜてたき、軽《かる》くついたものを丸《まる》め、小豆《あずき》あんやきな粉《こ》をまぶしたもの。春《はる》はぼたんが咲《さ》くので「ぼたもち」、秋《あき》は萩《はぎ》が咲《さ》くので「おはぎ」と呼《よ》びます。

春休《はるやす》み

宿題《しゅくだい》もほとんど出《で》ない、のどかなお休《やす》みですが、旧学年《きゅうがくねん》の勉強《べんきょう》で心配《しんぱい》なところは復習《ふくしゅう》をしておきましょう。

気候《きこう》も良《よ》く過《す》ごしやすいので、野外《やがい》でサイクリングなどをして春《はる》を味《あじ》わってみてください。

4月《がつ》2日《か》

国際子《こくさいこ》どもの本《ほん》の日《ひ》

『マッチ売《う》りの少女《しょうじょ》』『人魚姫《にんぎょひめ》』などの童話《どうわ》を書《か》いたアンデルセンの誕生日《たんじょうび》です。児童書《じどうしょ》への関心《かんしん》を広《ひろ》げるために、子《こ》どもの本《ほん》の日《ひ》として国際的《こくさいてき》に制定《せいてい》されました。

季節《きせつ》のあれこれ

俳句《はいく》

春風《はるかぜ》や闘志《とうし》いだきて丘《おか》に立《た》つ

季語《きご》　春風《はるかぜ》
作者《さくしゃ》　高浜虚子《たかはまきょし》

卒業《そつぎょう》や入学《にゅうがく》の時期《じき》、こんな熱《あつ》い思《おも》いを抱《いだ》き前《まえ》へ進《すす》みましょう。

和菓子《わがし》

里桜《さとざくら》

ほんのりとあわいピンク色《いろ》に咲《さ》いた、桜《さくら》の花《はな》をかたどっています。中《なか》は白《しろ》あんで、色合《いろあ》いと同《おな》じく、やさしいあまさのお菓子《かし》です。

読書《どくしょ》

『春《はる》のオルガン』
湯本香樹実《ゆもとかずみ》作《さく》
（新潮社《しんちょうしゃ》）

小学校《しょうがっこう》を卒業《そつぎょう》し、中学校《ちゅうがっこう》に入《はい》る前《まえ》の春休《はるやす》み。母親《ははおや》とはうまくいかず、父親《ちちおや》は帰《かえ》って来《こ》ない中《なか》、トモミと弟《おとうと》のテツは川原《かわら》に放置《ほうち》されたバスで一晩《ひとばん》を過《す》ごします。

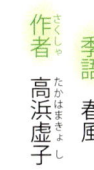

七十二候《しちじゅうにこう》の花鳥風月《かちょうふうげつ》

清明《せいめい》

4月《がつ》4日《か》〜19日《にち》ごろ

若草《わかくさ》がしげって、さまざまな花《はな》が咲《さ》き、生《い》きものたちが活発《かっぱつ》に活動《かつどう》します。天地《てんち》のあらゆるものが清《きよ》らかで明《あか》るく生《い》き生《い》きしているので「清明《せいめい》」と呼《よ》ばれます。

第十三候《だいじゅうさんこう》 つばめ きたる

4月《がつ》4日《か》〜8日《か》ごろ

玄鳥至

長《なが》い旅《たび》をしてつばめが南《みなみ》の国《くに》からやって来《き》ました。春《はる》から夏《なつ》の間《あいだ》、民家《みんか》のき下《した》などに巣《す》を作《つく》り、子育《こそだ》てをするのです。

第十四候《だいじゅうよんこう》 こうがん かえる

4月《がつ》9日《か》〜13日《にち》ごろ

鴻雁北

つばめとは逆《ぎゃく》に、雁《がん》は日本《にほん》を去《さ》っていきます。群《む》れが「く」の字《じ》をえがき、きれいに連《つら》なって北《きた》の方《ほう》へ飛《と》んでいきます。

第十五候《だいじゅうごこう》 にじ はじめて あらわる

4月《がつ》14日《か》〜19日《にち》ごろ

虹始見

一匹《いっぴき》のうりぼうが、山《やま》の上《うえ》にかかったあわい色《いろ》の虹《にじ》に気《き》づいたようです。きらきら光《ひかり》のショーを見《み》られる季節《きせつ》が、再《ふたた》びめぐってきたのですね。

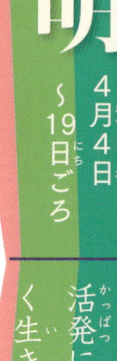

清明《せいめい》のこよみ　今日《きょう》にまつわる季節《きせつ》の言葉《ことば》

4月《がつ》

4

清明《せいめい》

（4月《がつ》4日《か》、もしくは5日《か》ごろ）

染井吉野《そめいよしの》よりひと足早《あしはや》めに咲《さ》いたしだれ桜《ざくら》が、さらさら散《ち》っていきます。

5

桜《さくら》が咲《さ》いた後《あと》にぐっと寒《さむ》さがもどることを「花冷《はなび》え」といいます。

6

御柱祭《おんばしらまつり》

（7年《ねん》に一度《いちど》、寅《とら》と申《さる》の年《とし》の4、5月上旬《がつじょうじゅん》）

▶山《やま》から神社《じんじゃ》の柱《はしら》にする長《なが》さ約《やく》17m、直径約《ちょっけいやく》1mの大木《たいぼく》を切《き》り出《だ》して、人《ひと》の力《ちから》だけで神社《じんじゃ》の境内《けいだい》まで運《はこ》び入《い》れ、四《よ》すみに柱《はしら》を立《た》てる大祭《たいさい》です。長野県諏訪市《ながのけんすわし》、茅野市《ちのし》、下諏訪町《しもすわちょう》、諏訪大社《すわたいしゃ》。

7

入学式《にゅうがくしき》（32ページ）が行《おこな》われるころです。初々《ういうい》しい新入生《しんにゅうせい》たちが、新《あたら》しい出会《であ》いと生活《せいかつ》にわくわくしていることでしょう。

8

灌仏会《かんぶつえ》

（花祭《はなまつ》り）

▶33ページ

旧暦《きゅうれき》4月《がつ》8日《か》は山《やま》の神様《かみさま》が田《た》に降《お》りてくるという「卯月八日《うづきようか》」。

9

大《おお》きくなったすずめの子《こ》が、親《おや》鳥《どり》からエサをもらうかわいらしい姿《すがた》が見《み》られます。

10

桜花祭《おうかさい》

▶桜《さくら》の名所《めいしょ》でもある金刀比羅宮《ことひらぐう》で行《おこな》われる、秋《あき》の豊作《ほうさく》を祈《いの》るお祭《まつ》りです。満開《まんかい》に咲《さ》いた大《おお》きな桜《さくら》の枝《えだ》を、神様《かみさま》に供《そな》えます。香川県琴平町《かがわけんことひらちょう》、金刀比羅宮《ことひらぐう》。

11

日立《ひたち》さくらまつり

（4月上旬《がつじょうじゅん》から中旬《ちゅうじゅん》）

▶まつりの期間中《きかんちゅう》の土《ど》、日曜日《にちようび》に、「風流物《ふうりゅうもの》」という大《おお》きな山車《だし》が町中《まちなか》をまわります。風流物《ふうりゅうもの》では、江戸時代《えどじだい》から受《う》け継《つ》がれた伝統《でんとう》のからくり人形《にんぎょう》の芝居《しばい》が繰《く》り広《ひろ》げられます。茨城県日立市《いばらきけんひたちし》。

12

つばめの鳴《な》き声《ごえ》は、「土食《つちく》って虫食《むしく》って渋《しぶ》〜い」って聞こえる？鳥《とり》の鳴《な》き声《ごえ》やさえずりを、似《に》た言葉《ことば》に置《お》きかえる遊《あそ》びを「聞《き》きなし」といいます。

13

十三《じゅうさん》まいり

(4月《がつ》13日《にち》ごろ) ▶33ページ

長浜曳山《ながはまひきやま》まつり（9日《か》〜16日《にち》）

▶豊臣秀吉《とよとみひでよし》ゆかりのお祭《まつ》りです。13日《にち》からは、江戸時代《えどじだい》に作《つく》られた金銀装飾《きんぎんそうしょく》のうるし塗《ぬ》りの曳山《ひきやま》を舞《ぶ》台《たい》に、「子《こ》ども歌舞伎《かぶき》」が演《えん》じられます。滋賀県長浜市《しがけんながはまし》、長浜八幡宮《ながはまはちまんぐう》。

14

春《はる》の高山祭《たかやままつり》

（〜15日《にち》）

▶33ページ

多《おお》くの学校《がっこう》が、春《はる》の学《がっ》校行事《こうぎょうじ》として、お弁当《べんとう》を持《も》って遠足《えんそく》に出《で》かけます。

15

梅《うめ》、桃《もも》、桜《さくら》がいっせいに咲《さ》くという「三春町《みはるまち》」。福島県三春町《ふくしまけんみはるまち》の名桜《めいおう》、三春滝桜《みはるたきざくら》も咲《さ》くころ。4月《がつ》も中旬《ちゅうじゅん》になると、東北《とうほく》でも桜《さくら》が咲《さ》き始《はじ》めます。

16

ほおじろのさえずりは、まるで「一筆啓上《いっぴつけいじょう》つかまつり候《そうろう》」と聞《き》こえます。

じっくり聞《き》きなし遊《あそ》びを楽《たの》しんでみてね。

17

学校《がっこう》の花《か》だんに、チューリップの花《はな》が咲《さ》きほこっています。

18

鎮花祭《ちんかさい》

▶大和時代《やまとじだい》に、疫病《えきびょう》をしずめるために始《はじ》まった祭礼《さいれい》です。桜《さくら》の散《ち》るころは体調《たいちょう》をくずしやすく、病気《びょうき》がはやったのです。奈良県桜井市《ならけんさくらいし》、大神神社《おおみわじんじゃ》、狭井神社《さいじんじゃ》。

19

人間将棋《にんげんしょうぎ》

（4月下旬《がつげじゅん》の土《ど》、日曜日《にちようび》）

▶戦国武者姿《せんごくむしゃすがた》の人間《にんげん》を将棋《しょうぎ》のこまに見立《みた》て、プロの棋士《きし》が対局《たいきょく》します。「天童《てんどう》桜《さくら》まつり」で行《おこな》われます。山形県天童市《やまがたけんてんどうし》。

美《うつく》しい春《はる》の中《なか》、のびのびと

新《あたら》しいクラスになり、新学期《しんがっき》が始《はじ》まりました。植物《しょくぶつ》がぐんぐんのびていくように、わたしたち人間《にんげん》も活発《かっぱつ》に動《うご》き出《だ》したくなるさわやかな日々《ひび》です。

衣《い》のたのしみ

春《はる》の配色《はいしょく》 ～かさねの色目《いろめ》より～

かさねの色目《いろめ》とは、平安時代《へいあんじだい》を中心《ちゅうしん》に用《もち》いられた、衣《ころも》の表《おもて》と裏《うら》の配色《はいしょく》です。その多《おお》くは植物《しょくぶつ》に関《かか》わるもので、昔《むかし》の日本人《にほんじん》が季節感《きせつかん》をとても大切《たいせつ》にしていたことがうかがえます。どんな組《く》み合《あ》わせがあるか、見《み》てみましょう。

若草《わかくさ》

うすい緑《みどり》と濃《こ》い緑《みどり》で、早春《そうしゅん》の野原《のはら》に若《わか》草《くさ》が萌《も》え出《だ》した情景《じょうけい》を表《あらわ》しています。

桜《さくら》

平安時代《へいあんじだい》は桜《さくら》といえば山桜《やまざくら》でした。山桜《やまざくら》の赤《あか》い若葉《わかば》の上《うえ》に白《しろ》い花《はな》を咲《さ》かせた様子《ようす》を表《あらわ》しています。

すみれ

むらさき色《いろ》の清《きよ》らかな花《はな》を思《おも》い浮《う》かべる色目《いろめ》です。深《ふか》いむらさき、明《あか》るいむらさきが表裏《おもてうら》になっています。

桃《もも》

萌黄色《もえぎいろ》の若葉《わかば》と、咲《さ》きほこる桃《もも》の花《はな》を表《あらわ》しています。古《ふる》くから桃《もも》には災《わざわ》いをはらう力《ちから》があるとされてきました。

つつじ

古代《こだい》から日本人《にほんじん》に愛《あい》されてきた、山《やま》つつじです。緑萌《みどりも》える中《なか》に咲《さ》く紅《あか》い花《はな》がかれんです。

食《しょく》のたのしみ

遊《あそ》んで、食《た》べて

このころは潮干狩《しおひが》りのシーズン。大潮《おおしお》の日《ひ》、浜辺《はまべ》は特《とく》に混《こ》み合《あ》います。

田楽《でんがく》

菜飯《なめし》

田楽《でんがく》は、とうふをうすく切《き》って火《ひ》であぶり、さんしょうの芽《め》を和《あ》えたみそをぬったものです。大根《だいこん》や小松菜《こまつな》の葉《は》をゆでて、ご飯《はん》に混《ま》ぜこんだ菜飯《なめし》とセットでめしあがれ。

季節《きせつ》と渡《わた》り鳥《どり》

つぐみ
冬鳥《ふゆどり》
白鳥《はくちょう》
冬鳥《ふゆどり》
雁《がん》
つる
日本《にほん》
かも
夏鳥《なつどり》
つばめ
おおるり

今《いま》まで見《み》られなかった野鳥《やちょう》が現《あらわ》れたり、たくさんいたはずの鳥《とり》がふといなくなったり。渡《わた》り鳥《どり》の姿《すがた》に人々《ひとびと》は季節《きせつ》の移《うつ》ろいを感《かん》じ取《と》ってきました。

春《はる》に来《く》る渡《わた》り鳥《どり》を「夏鳥《なつどり》」、秋《あき》に来《く》るものを「冬鳥《ふゆどり》」といいます。渡《わた》り鳥《どり》は、はんしょくする場所《ばしょ》と冬《ふゆ》を過《す》ごす場所《ばしょ》がちがうため、とても遠《とお》い距離《きょり》を移動《いどう》します。

また、一年中《いちねんじゅう》日本《にほん》にいる鳥《とり》にも、冬《ふゆ》と夏《なつ》で過《す》ごす場所《ばしょ》を移動《いどう》する鳥《とり》がいます。山《やま》と平地《へいち》を行《い》き来《き》するうぐいすや、北日本《きたにほん》ではんしょくして本州《ほんしゅう》以南《いなん》で冬《ふゆ》を過《す》ごすしめやまひわなどです。このようにして、鳥《とり》たちは厳《きび》しい冬《ふゆ》を工夫《くふう》しながら生《い》きのびています。

野鳥《やちょう》のひなが半年《はんとし》をこえられるのは13％ほどといわれています。生存競争《せいぞんきょうそう》の厳《きび》しい世界《せかい》で生《い》きる野鳥《やちょう》たち。見《み》かけたら、大切《たいせつ》に見守《みまも》ってあげましょうね。

しめ
まひわ

こたつやストーブをしまった部屋《へや》は、すっきりして新鮮《しんせん》ですね！

住《じゅう》のたのしみ　暖房器具《だんぼうきぐ》をしまおう

そろそろこたつやストーブの出番《でばん》は終《お》わります。ただ、北国《きたぐに》など寒《さむ》い地域《ちいき》はまだまだ朝晩暖房《あさばんだんぼう》が活《かつ》やくするかも……。

掃除《そうじ》や洗《せん》たくをしてきれいにしまいましょう。ストーブのしんは、ていねいにすすをはらいます。

潮干狩《しおひが》り

潮《しお》が大《おお》きく引《ひ》いた日《ひ》に、砂浜《すなはま》をほってあさりやはまぐりをとります。砂《すな》ぬきをして、その夜《よる》は、さっそくおみそしるや酒蒸《さかむ》しに。

あさり
深川飯《ふかがわめし》

江戸時代《えどじだい》に、いそがしい江戸《えど》っ子《こ》が、あさりのおみそしるをご飯《はん》にぶっかけて短時間《たんじかん》でお昼《ひる》をすませたことが始《はじ》まりです。

ふき

ふきのつぼみは「ふきのとう」。その後《あと》のびてきたくきや葉《は》も、春《はる》の味覚《みかく》です。

くきを使《つか》った青煮《あおに》

塩漬《しおづ》けにした葉《は》で包《つつ》んだおにぎり

桜《さくら》の花《はな》も満開《まんかい》に

日本《にほん》の国花《こっか》にもなっている桜《さくら》。満開《まんかい》の桜《さくら》の木《き》の下《した》では、たくさんの人《ひと》が飲食《いんしょく》を楽《たの》しみます。春《はる》たけなわの喜《よろこ》ばしい行事《ぎょうじ》を見《み》てみましょう。

花見《はなみ》

桜《さくら》の花《はな》を見《み》ながら、外《そと》で食《た》べたり飲《の》んだりする行楽行事《こうらくぎょうじ》です。「サクラ」という名前《なまえ》は「サ（田《た》の神様《かみさま》）がよりつく場所《ばしょ》」を意味《いみ》するともいいます。はるか昔《むかし》は、田《た》の神様《かみさま》をむかえて、桜《さくら》の木《き》の下《した》で豊作《ほうさく》を祈《いの》る儀式《ぎしき》が行《おこな》われていました。

入学式《にゅうがくしき》

学校《がっこう》へ入学《にゅうがく》するときに行《おこな》う儀式《ぎしき》です。今《いま》は桜《さくら》の咲《さ》くころに入学式《にゅうがくしき》をむかえていますが、多《おお》くの国《くに》では秋《あき》に行《おこな》われているため、日本《にほん》も外国《がいこく》に合《あ》わせようという議《ぎ》論《ろん》もあります。

桜《さくら》の香《かお》りのご飯《はん》とおやつ

桜飯《さくらめし》のおにぎり

ご飯《はん》をたくときに、桜《さくら》の花《はな》の塩《しお》漬《づ》けを入《い》れます。

桜《さくら》もち

もちの皮《かわ》であんをクレープみたいにくるむ関東風《かんとうふう》。

干飯《ひめし》となったもち米《ごめ》を使《つか》う「道《どう》明寺《みょうじ》」は関西風《かんさいふう》。

桜《さくら》にまつわるごちそう

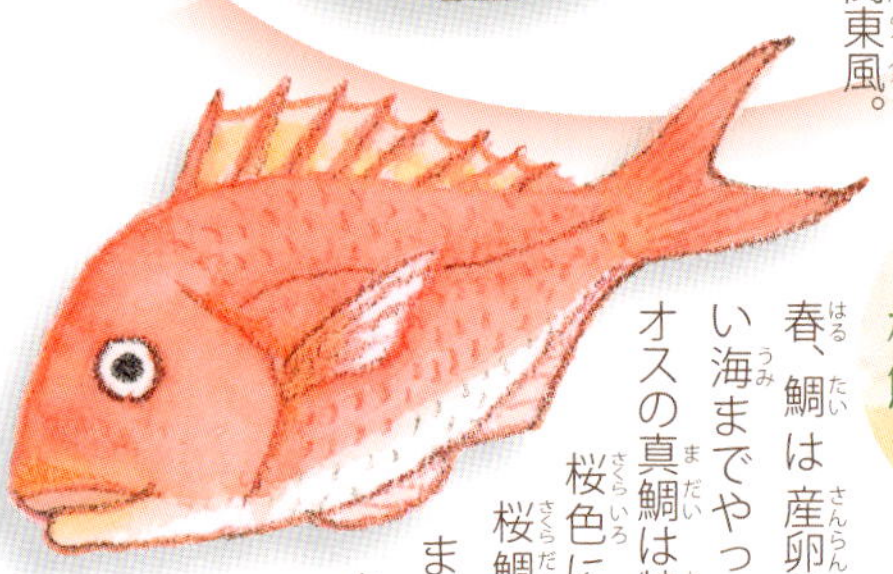

桜鯛《さくらだい》

春《はる》、鯛《たい》は産卵《さんらん》のために浅《あさ》い海《うみ》までやって来《き》ます。オスの真鯛《まだい》は特《とく》に美《うつく》しい桜色《さくらいろ》になるため桜鯛《さくらだい》と呼《よ》ばれます。桜鯛《さくらだい》はお祝《いわ》いの料《りょう》理《り》として喜《よろこ》ばれます。

4月《がつ》8日《か》 灌仏会《かんぶつえ》（花祭《はなまつ》り）

仏教《ぶっきょう》の開祖《かいそ》、釈迦《しゃか》の誕生《たんじょう》を祝《いわ》うお祭《まつ》り。「花祭《はなまつ》り」と呼《よ》ばれ親《した》しまれています。花御堂《はなみどう》（花《はな》で飾《かざ》った小《ちい》さなお堂《どう》）に置《お》かれた誕生仏《たんじょうぶつ》に、甘茶《あまちゃ》をかけてお参《まい》りします。

アマチャ

甘茶《あまちゃ》って何《なに》？

甘茶《あまちゃ》はあじさいの仲間《なかま》のアマチャの葉《は》から作《つく》られるお茶《ちゃ》。寺院《じいん》でいただいた甘茶《あまちゃ》を飲《の》むと病気《びょうき》をしないといわれています。

4月《がつ》13日《にち》ごろ 十三《じゅうさん》まいり

生《う》まれた年《とし》の干支《えと》（十二支《じゅうにし》）が、再《ふたた》びめぐってくる年《とし》（数《かぞ》え年《どし》の13歳《さい》、今《いま》の年齢《ねんれい》では12歳《さい》）のお参《まい》り。無事《ぶじ》に大《おお》きく成長《せいちょう》したことを感謝《かんしゃ》し、知恵《ちえ》を授《さず》けていただけるようお祈《いの》りします。京都《きょうと》府《ふ》の虚空蔵法輪寺《こくうぞうほうりんじ》が有名《ゆうめい》です。

4月《がつ》14—15日《にち》 春《はる》の高山祭《たかやままつり》

岐阜県《ぎふけん》高山市《たかやまし》

高山《たかやま》は美《うつく》しい山々《やまやま》が連《つら》なり、「飛騨《ひだ》の匠《たくみ》」と呼《よ》ばれる木工細工《もっこうざいく》の技《わざ》が有名《ゆうめい》です。その技《わざ》を使《つか》った祭《まつ》りの屋台《やたい》は三層建《さんそうだて》で彫刻《ちょうこく》も美《うつく》しく、からくり人形《にんぎょう》が現《あらわ》れ、にぎやかな伝統行事《でんとうぎょうじ》が繰《く》り広《ひろ》げられます。

季節《きせつ》のあれこれ

俳句《はいく》

つばめつばめ泥《どろ》が好《す》きなる燕《つばめ》かな

季語《きご》　つばめ

作者《さくしゃ》　細見綾子《ほそみあやこ》

どろは巣《す》の材料《ざいりょう》。「つばめ」を仮名《かな》と漢字《かんじ》で表現《ひょうげん》していますよ。

和菓子《わがし》

花日和《はなびより》

川岸《かわぎし》をいろどる満開《まんかい》の桜《さくら》と、柳《やなぎ》の新芽《しんめ》を表《あらわ》しています。桜《さくら》の花《はな》が小川《おがわ》を流《なが》れていくようですね。中《なか》はこしあんです。

読書《どくしょ》

『だれも知《し》らない小《ちい》さな国《くに》』

佐藤《さとう》さとる 作《さく》（講談社《こうだんしゃ》）

幼《おさな》いときに「コロボックル」を見《み》た小山《こやま》にもどってきた主人公《しゅじんこう》の、かけがえのない出会《であ》い。コロボックルは「ふきの下《した》の住人《じゅうにん》」という意味《いみ》です。

穀雨《こくう》

4月《がつ》20日《か》～5月《がつ》4日《か》ごろ

春《はる》も終《お》わりのころに降《ふ》る雨《あめ》は、米《こめ》や豆《まめ》などの穀物《こくもつ》を育《そだ》てる恵《めぐ》みの雨《あめ》です。長《なが》く降《ふ》り続《つづ》く雨《あめ》は菜《な》の花《はな》の時期《じき》と重《かさ》なり、「菜種梅雨《なたねづゆ》」と呼《よ》ばれます。

第十六候《だいじゅうろっこう》 あしはじめてしょうず

葭始生

4月《がつ》20日《か》～24日《か》ごろ

水辺《みずべ》で葦《あし》が芽《め》を出《だ》し、ぐんぐんのびていきます。葦《あし》は人間《にんげん》にとっても動物《どうぶつ》たちにとっても、暮《く》らしに役立《やくだ》つ大事《だいじ》な素材《そざい》なのです。

第十七候《だいじゅうしちこう》 しもやんでなえいずる

霜止出苗

4月《がつ》25日《にち》～29日《にち》ごろ

霜《しも》が降《お》りることもなくなり、田《た》んぼに植《う》える前《まえ》の苗代《なわしろ》では、稲《いね》の苗《なえ》がすくすく育《そだ》っています。

あひるも苗《なえ》の生長《せいちょう》を大事《だいじ》に見守《みまも》っています。

第十八候《だいじゅうはちこう》 ぼたんはなさく

牡丹華

4月《がつ》30日《にち》～5月《がつ》4日《か》ごろ

晩春《ばんしゅん》の庭《にわ》に、
ひときわ華《はな》やかな
花《はな》を咲《さ》かせたのはぼたん。
虫《むし》たちがやって来《き》ては、
体《からだ》に花粉《かふん》をいっぱいつけて
うれしそうに去《さ》っていきます。

穀雨《こくう》のこよみ　今日《きょう》にまつわる季節《きせつ》の言葉《ことば》

4月《がつ》

20
穀雨《こくう》
（4月《がつ》20日《か》ごろ）

柳《やなぎ》の若葉《わかば》が色鮮《いろあざ》やかです。

21
水口祭《みなくちまつり》
（晩春《ばんしゅん》から初夏《しょか》）
▶39ページ

22
アースデイ

▶1970年《ねん》に、「地球《ちきゅう》の環境《かんきょう》のことを考《かんが》えて、行動《こうどう》する日《ひ》」として提唱《ていしょう》されました。環境問題《かんきょうもんだい》に関《かん》するイベントが各地《かくち》で行《おこな》われます。

23
関西《かんさい》ではいかなごのくぎ煮《に》という佃煮《つくだに》を作《つく》るのが盛《さか》んです。いかなごは主《おも》に瀬戸内海《せとないかい》でとれる小魚《こざかな》です。

24

山吹色《やまぶきいろ》という色《いろ》の名前《なまえ》にもなった、山吹《やまぶき》の花《はな》が明《あか》るい黄色《きいろ》の花《はな》を咲《さ》かせています。

25
青森県弘前市《あおもりけんひろさきし》の弘前公園《ひろさきこうえん》で、桜《さくら》が満開《まんかい》になるころです。弘前《ひろさき》公園《こうえん》の桜《さくら》は、りんごのせん定技《ていぎ》術《じゅつ》を用《もち》いて育《そだ》てられ、見事《みごと》な枝《えだ》ぶりで咲《さ》きほこります。

26
まだ暑《あつ》くないと思《おも》っていても、紫外線《しがいせん》は強《つよ》まっています。春《はる》に日傘《ひがさ》を使《つか》う人《ひと》も多《おお》くなりました。

27
晩春《ばんしゅん》のころ、富山県《とやまけん》の魚津市《うおづし》などで蜃気楼《しんきろう》が現《あらわ》れることがあります。冷《つめ》たい海《うみ》の上《うえ》に暖《あたた》かな空気《くうき》が流《なが》れ、光《ひかり》の屈折《くっせつ》が起《お》きて見《み》える現象《げんしょう》です。

28

じゃれあうねこの子《こ》がいます。今年《ことし》生《う》まれた子《こ》ねこたちです。

29
昭和《しょうわ》の日《ひ》

▶昭和天皇《しょうわてんのう》の誕生日《たんじょうび》。昭和時代《しょうわじだい》をふり返《かえ》り、未来《みらい》を考《かんが》える日《ひ》とされます。

壬生大念仏狂言《みぶだいねんぶつきょうげん》
（〜5月《がつ》5日《か》）▶39ページ

ゴールデンウイークが始《はじ》まります。

30
くらやみ祭《まつり》
（〜6日《か》）▶38ページ

池《いけ》や小川《おがわ》でおたまじゃくしを見《み》かけるころ。そろそろ後《うし》ろ足《あし》がはえている子《こ》もいるかもしれませんよ。

5月《がつ》

1
春《はる》の藤原《ふじわら》まつり
（〜5日《か》）

▶藤原《ふじわら》まつりは、春《はる》と秋《あき》に行《おこな》われます。平泉《ひらいずみ》の文化《ぶんか》をつくり上《あ》げた藤原三代《ふじわらさんだい》をしのぶお祭《まつ》りです。源義経《みなもとのよしつね》を出《で》むかえた情景《じょうけい》を再現《さいげん》した行列《ぎょうれつ》がひろうされます。岩手県平泉町《いわてけんひらいずみちょう》、中尊寺《ちゅうそんじ》、毛越寺《もうつうじ》。

2
八十八夜《はちじゅうはちや》
（5月《がつ》2日《か》ごろ）▶41ページ

寒《さむ》さがもどることも、なくなってきました。日本海側《にほんかいがわ》では、雪《ゆき》がようやく終《お》わるころです。

3
博多《はかた》どんたく港《みなと》まつり
（〜4日《か》）▶38ページ

青柏祭《せいはくさい》（〜5日《か》）▶38ページ

憲法記念日《けんぽうきねんび》 ▶39ページ

4
みどりの日《ひ》
▶39ページ

万物《ばんぶつ》を目覚《めざ》めさせ、すくすくと成長《せいちょう》させた春《はる》。さらに生命力《せいめいりょく》を増《ま》す夏《なつ》へと、季節《きせつ》のバトンを渡《わた》すころになりました。

春《はる》をしめくくるお楽《たの》しみ

これからは気温《きおん》がどんどん上《あ》がっていきます。春《はる》の名残《なごり》をおしみながら、光《ひかり》かがやく夏《なつ》へと向《む》かう季節《きせつ》です。

衣《い》のたのしみ　冬物《ふゆもの》を整理《せいり》しよう

冬物《ふゆもの》の厚手《あつて》のコートやセーターを洗《あら》って整理《せいり》しましょう。もう着《き》ない服《ふく》は年下《としした》の子《こ》にゆずったり、地域《ちいき》の古着回収《ふるぎかいしゅう》に協力《きょうりょく》したりするといいですね。

洗濯《せんたく》マークをチェック

30度《ど》位《ぐらい》のぬるま湯《ゆ》で手洗《てあら》いするか、洗濯機《せんたくき》の手洗《てあら》いコースを使《つか》う。

Ⓟ ドライクリーニングをしてもよい。

おうちの人《ひと》といっしょに　毛糸《けいと》の手《て》ぶくろを手洗《てあら》いしてみよう

1 おし洗《あら》い

手《て》のひらでおして、力《ちから》をゆるめます。手《て》ぶくろが水分《すいぶん》をふくんだら、また手《て》でおします。こすらないようにね。

冷水《れいすい》ではなく30度《ど》位《ぐらい》のぬるま湯《ゆ》で。中性洗剤《ちゅうせいせんざい》の量《りょう》は、洗剤《せんざい》の説明書《せつめいが》きに合《あ》わせましょう。

2 手《て》ではさんでしぼる

ねじらないで、手《て》と手《て》ではさんで、おししぼります。

3 すすぎ

新《あたら》しいぬるま湯《ゆ》に1分《ぷん》つけた後《あと》、おし洗《あら》いですすぎます。ぬるま湯《ゆ》を3回《かい》ほどかえましょう。

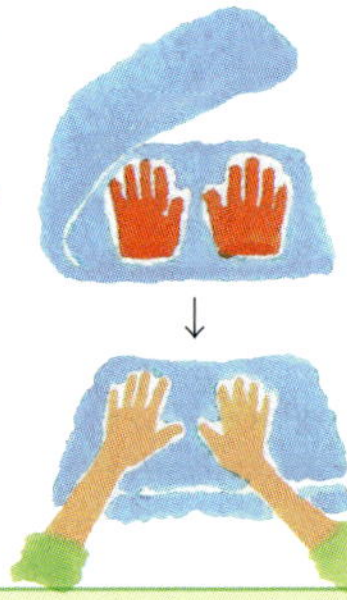

4 タオルドライ

手《て》ではさんでしぼった後《あと》、タオルにはさんでさらに水気《みずけ》を取《と》ります。

5 かげ干《ぼ》し

形《かたち》を整《ととの》えて、直射日光《ちょくしゃにっこう》の当《あ》たらない場所《ばしょ》に干《ほ》しましょう。

食《しょく》のたのしみ　春《はる》の終《お》わりの2大《だい》イベント

たけのこの中《なか》で真《ま》っ先《さき》に芽《め》を出《だ》すのが「孟宗竹《もうそうちく》」。地上《ちじょう》にあまりのびないうちに収穫《しゅうかく》しましょう。竹《たけ》は生長《せいちょう》が速《はや》く、1日《にち》で1mものびることがあるので、時間《じかん》との競争《きょうそう》ですね。

春《はる》のものらしく、アクが強《つよ》い食材《しょくざい》です。食物繊維《しょくもつせんい》とミネラルが豊富《ほうふ》。しっかりかんで食《た》べましょう。

孟宗竹《もうそうちく》

わかめとたけのこをたき合《あ》わせた若竹煮《わかたけに》は、春《はる》の家庭料理《かていりょうり》

住《じゅう》のたのしみ

プランターで野菜《やさいづく》作り

トマト、きゅうり、なすなどの夏野菜《なつやさい》を植《う》え付《つ》けるのにちょうど良《よ》い時期《じき》です。おうちの人《ひと》といっしょに、野菜作《やさいづく》りをしてみましょう。

ミニトマトを育《そだ》てよう

1 野菜《やさい》に合《あ》った気温《きおん》を調《しら》べる

種《たね》まきや植《う》え付《つ》けは、野菜《やさい》の種類《しゅるい》によって適温《てきおん》があります。地元《じもと》の気候《きこう》に合《あ》わせて、植《う》える時期《じき》を決《き》めましょう。

ミニトマトは…
昼間《ひるま》　25℃前後《ぜんご》
夜間《やかん》　16～17℃

2 土作《つちづく》りをしておく

赤玉土《あかだまつち》、腐葉土《ふようど》、バーミキュライトを図《ず》の割合《わりあい》でよく混《ま》ぜておき、植《う》え付《つ》けの1週間前《しゅうかんまえ》に元肥《もとごえ》（化学肥料《かがくひりょう》）を適量《てきりょう》混《ま》ぜます。

1 : 2.5 : 6.5
バーミキュライト
腐葉土《ふようど》
赤玉土《あかだまつち》

培養土《ばいようど》を利用《りよう》すると土作《つちづく》りの手間《てま》が省《はぶ》けます

3 苗《なえ》の植《う》え付《つ》けをする

初《はじ》めての野菜作《やさいづく》りでは、種《たね》から育《そだ》てるより苗《なえ》を購入《こうにゅう》すると良《よ》いでしょう。

植《う》え穴《あな》をほり、根《ね》と土《つち》をくずさないように、苗《なえ》をポットからぬいて植《う》え付《つ》けます
最初《さいしょ》の花房《かぼう》が開花《かいか》し始《はじ》めたら植《う》え付《つ》け時《どき》
花房《かぼう》の反対側《はんたいがわ》に支柱《しちゅう》を立《た》て、ひもで結《むす》びます。最初《さいしょ》は水《みず》をたっぷりあげます

4 野菜《やさい》の世話《せわ》をする

ミニトマトの場合《ばあい》

- 日当《ひあ》たりの良《よ》い場所《ばしょ》に置《お》く
- 水《みず》は少《すく》なめに
- 葉《は》のしげり過《す》ぎに注意《ちゅうい》して、わき芽《め》をほどよくつまみ取《と》る
- 最初《さいしょ》の実《み》がふくらみ始《はじ》めたら、2～3週間《しゅうかん》に1度、株《かぶ》のまわりに肥料《ひりょう》を追加《ついか》する

夏《なつ》が楽《たの》しみ…

茶《ちゃ》つみ

立春《りっしゅん》から数《かぞ》えて88日目《にちめ》が八十八夜《はちじゅうはちや》（5月《がつ》2日《か》ごろ）です。このころからお茶《ちゃ》の新芽《しんめ》をつみ始《はじ》めます。「夏《なつ》も近《ちか》づく八十八夜《はちじゅうはちや》～」と歌《うた》われるのは、収穫《しゅうかく》の喜《よろこ》びと、夏《なつ》が待《ま》ち遠《どお》しい思《おも》いがこめられているのです。

お茶《ちゃ》の葉《は》

つみたてのお茶《ちゃ》の葉《は》はまるでハーブのように香《かお》りが良《よ》く、天《てん》ぷらにして食《た》べるとおいしいですよ

七十二候手帖　しちじゅうにこうてちょう

葦《あし》は日本家屋《にほんかおく》の必需品《ひつじゅひん》だった

奈良時代《ならじだい》の歴史書《れきししょ》『日本書紀《にほんしょき》』の中《なか》で、日本《にほん》のことを「豊葦原千五百秋瑞穂国《とよあしはらのちいおあきのみずほのくに》」と称《しょう》しています。豊《ゆた》かに葦《あし》が生《お》いしげり、永遠《えいえん》に稲《いね》の穂《ほ》が実《みの》る国《くに》という意味《いみ》です。葦《あし》は日本人《にほんじん》にとって身近《みぢか》な植物《しょくぶつ》でした。

たとえば、日本家屋《にほんかおく》のかやぶき屋根《やね》。「かや」は葦《あし》やすすき、ちがやなどの総称《そうしょう》です。その中《なか》でも葦《あし》は、じょうぶで水《みず》はけの良《よ》い材料《ざいりょう》でした。また、葦《あし》は「よし」とも呼《よ》ばれ、葦《あし》で作《つく》ったすだれを「よしず」といいます。よしずも古《ふる》くから、夏《なつ》の日《ひ》よけなどに使《つか》われています。

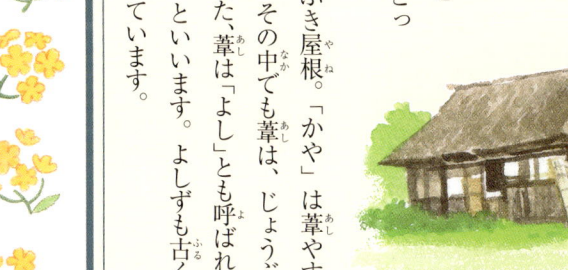

過《す》ぎゆく春《はる》、近《ちか》づく夏《なつ》

春《はる》と夏《なつ》の境《さかい》には、ちょうどゴールデンウイークがあります。お祭《まつ》りや行事《ぎょうじ》にたくさんの観光客《かんこうきゃく》がおとずれ、にぎわいを見《み》せます。また、日本人《にほんじん》の主食《しゅしょく》を支《ささ》える稲作《いなさく》が、本格的《ほんかくてき》に始《はじ》まるころです。

博多《はかた》どんたく港《みなと》まつり

5月《がつ》3—4日《か》

福岡県《ふくおかけん》 福岡市《ふくおかし》

幕開《まくあ》けを飾《かざ》る「博多松《はかたまつ》ばやし」は室町《むろまち》以来《いらい》と歴史《れきし》も古《ふる》く、恵比須《えびす》や大黒《だいこく》などの神様《かみさま》の面《めん》と衣装《いしょう》をつけ、大勢《おおぜい》の子《こ》どもたちと練《ね》り歩《ある》き、天冠《てんかん》をかぶった少女《しょうじょ》たちがおはやしや地謡《じうた》いに合《あ》わせ優雅《ゆうが》に舞《ま》います。パレードなどイベントも盛大《せいだい》です。

「どんたく」はオランダ語《ご》で休日《きゅうじつ》を意味《いみ》する「ゾンターク」が語源《ごげん》なんですよ。

くらやみ祭《まつり》

4月《がつ》30日《にち》—5月《がつ》6日《か》

東京都《とうきょうと》 府中市《ふちゅうし》

大國魂神社《おおくにたまじんじゃ》のお祭《まつ》り。かつて、深夜暗闇《しんやくらやみ》の中《なか》で行《おこな》われていたため「くらやみ祭《まつり》」と呼《よ》ばれています。大《おお》きな太鼓《たいこ》を神社《じんじゃ》に送《おく》りこんだり、深夜《しんや》に神輿《みこし》を担《かつ》いだりしてにぎわいます。

青柏祭《せいはくさい》

5月《がつ》3—5日《か》

石川県《いしかわけん》 七尾市《ななおし》

大地主神社《おおとこぬしじんじゃ》の春祭《はるまつ》りです。供物《くもつ》を青柏《あおがしわ》の葉《は》に盛《も》って供《そな》えることからこの名称《めいしょう》になったといわれます。「でか山《やま》」と呼《よ》ばれる、高《たか》さ約《やく》12mをほこる巨大《きょだい》な3台《だい》の山車《だし》をひき回《まわ》し、奉納《ほうのう》します。

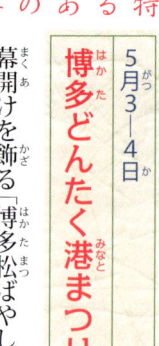

晩春《ばんしゅん》から初夏《しょか》

水口祭《みなくちまつり》

苗代《なわしろ》に種《たね》もみをまいた日《ひ》に、水口《みなくち》（田《た》んぼへの水《みず》の取《と》り入《い》れ口《ぐち》）で行《おこな》う神事《しんじ》です。焼米《やきごめ》やお酒《さけ》を供《そな》え、花《はな》を飾《かざ》ったりして、田《た》の神様《かみさま》に一年《いちねん》の豊作《ほうさく》を祈《いの》ります。

4月《がつ》29日《にち》—5月《がつ》5日《か》

壬生大念仏狂言《みぶだいねんぶつきょうげん》

京都府《きょうとふ》京都市《きょうとし》

円覚上人《えんかくしょうにん》が約《やく》700年前《ねんまえ》、仏《ほとけ》の教《おし》えをわかりやすく説《と》くために始《はじ》めた無言劇《むごんげき》で、今《いま》では大衆娯楽《たいしゅうごらく》として広《ひろ》く親《した》しまれています。演目《えんもく》のひとつ「炮烙割《ほうらくわり》」では、2月《がつ》の節分会《せつぶんえ》の際《さい》に奉納《ほうのう》されたたくさんの炮烙《ほうらく》（平《ひら》たい土《ど》なべ）が、最後《さいご》に勢《いきお》いよく割《わ》られます。炮烙《ほうらく》が割《わ》れると願《ねが》い事《ごと》が成就《じょうじゅ》するといわれています。

5月《がつ》3日《か》

憲法記念日《けんぽうきねんび》

1947年《ねん》5月《がつ》3日《か》の「日本国憲法《にほんこくけんぽう》」施行《しこう》を記念《きねん》して、国民《こくみん》の祝日《しゅくじつ》となりました。日本《にほん》の憲法《けんぽう》は「国《こく》民主権《みんしゅけん》」「平和主義《へいわしゅぎ》」「基本的人権《きほんてきじんけん》の尊重《そんちょう》」の諸原理《しょげんり》で貫《つらぬ》かれています。戦争《せんそう》の放棄《ほうき》を誓《ちか》う「平和憲《へいわけん》法《ぽう》」でもありますが、近年《きんねん》、憲法《けんぽう》改正《かいせい》の議論《ぎろん》が活発《かっぱつ》になっています。

ゴールデンウイークの祝日《しゅくじつ》

5月《がつ》4日《か》

みどりの日《ひ》

自然《しぜん》に親《した》しみ、感謝《かんしゃ》し、豊《ゆた》かな心《こころ》をはぐくむための国民《こくみん》の祝日《しゅくじつ》です。もとは生物学者《せいぶつがくしゃ》でもあり自然《しぜん》を愛《あい》した昭和天皇《しょうわてんのう》の誕生日《たんじょうび》、4月《がつ》29日《にち》でしたが、この日《ひ》が「昭《しょう》和《わ》の日《ひ》」と改《あらた》められ、「みどりの日《ひ》」は5月《がつ》4日《か》に移《うつ》りました。

季節《きせつ》のあれこれ

俳句《はいく》

菜《な》の花《はな》や月《つき》は東《ひがし》に日《ひ》は西《にし》に

季語《きご》　菜《な》の花《はな》

作者《さくしゃ》　与謝蕪村《よさぶそん》

晩春《ばんしゅん》の夕暮《ゆうぐ》れ、一面《いちめん》の菜《な》の花畑《はなばたけ》が目《め》に浮《う》かびますね。

和菓子《わがし》

菜種《なたね》きんとん

色鮮《いろあざ》やかな黄色《きいろ》と緑《みどり》が、菜《な》の花畑《はなばたけ》を表《あらわ》しています。春《はる》の間《あいだ》、長《なが》く楽《たの》しませてくれた菜《な》の花《はな》とも、そろそろお別《わか》れです。

読書《どくしょ》

『秘密《ひみつ》の花園《はなぞの》』

F・H・バーネット作《さく》

（福音館書店《ふくいんかんしょてん》）

おじさんの家《いえ》に引《ひ》き取《と》られたわがままでいばりんぼうのメアリー。ある日《ひ》、庭《にわ》で古《ふる》いとびらの鍵《かぎ》を見《み》つけます。とびらの向《む》こうは、荒《あ》れ果《は》てた秘密《ひみつ》の庭《にわ》でした。

巻末《かんまつ》ふろく

「二十四節気《にじゅうしせっき》」や「七十二候《しちじゅうにこう》」は、季節《きせつ》の変化《へんか》をとらえ、農業《のうぎょう》や生活《せいかつ》にいかすために考《かんが》えられました。日本《にほん》のこよみへの興味《きょうみ》を深《ふか》めましょう。

春《はる》の二十四節気《にじゅうしせっき》と七十二候《しちじゅうにこう》

「二十四節気《にじゅうしせっき》」と「七十二候《しちじゅうにこう》」は季節《きせつ》の目安《めやす》

江戸時代《えどじだい》まで用《もち》いられていた「旧暦《きゅうれき》」は、こよみと季節《きせつ》がずれてしまうため、「二十四節気《にじゅうしせっき》」を同時《どうじ》に用《もち》いて季節《きせつ》の目安《めやす》にしていました。二十四節気《せっき》は、1年間《ねんかん》を春分《しゅんぶん》の日《ひ》と秋分《しゅうぶん》の日《ひ》で分《わ》け、それぞれを12等分《とうぶん》し、季節《きせつ》の名前《なまえ》をつけたものです。

二十四節気《にじゅうしせっき》をさらに3等分《とうぶん》し、約《やく》5日ごとに区《く》分《わ》けしたものが「七十二候《しちじゅうにこう》」です。七十二候《しちじゅうにこう》は、季節《きせつ》の移《うつ》り変《か》わりを知《し》らせる自然《しぜん》〝花鳥風月《かちょうふうげつ》〟の様子《ようす》を具体的《ぐたいてき》に記《しる》していますね。もともとは中国《ちゅうごく》から伝《つた》わったものですが、日本《にほん》の気候《きこう》や風土《ふうど》に合《あ》わせて何度《なんど》か改良《かいりょう》されてきました。

春分《しゅんぶん》・秋分《しゅうぶん》の日《ひ》の太陽《たいよう》の位置《いち》

地球《ちきゅう》は地軸《ちじく》（北極点《ほっきょくてん》と南極《なんきょく》点《てん》を結《むす》ぶ軸《じく》）が23・4度《ど》ほど傾《かたむ》いているため、一年中《いちねんじゅう》太陽《たいよう》の位置《いち》が変化《へんか》します。太陽《たいよう》が真東《まひがし》から昇《のぼ》り、真西《まにし》に沈《しず》む日《ひ》が春分《しゅんぶん》・秋分《しゅうぶん》です。日本《にほん》がある北半球《きたはんきゅう》では、夏至《げし》のころ最《もっと》も太陽《たいよう》の位置《いち》が高《たか》く昼《ひる》も長《なが》くなります。逆《ぎゃく》に、冬至《とうじ》のころは最《もっと》も低《ひく》く昼《ひる》も短《みじか》くなります。地軸《ちじく》が傾《かたむ》いているおかげで、変化《へんか》に富《と》んだ四季《しき》が生《う》まれたのですね。

地軸《ちじく》の傾《かたむ》きは、ほとんどの地球儀《ちきゅうぎ》で再現《さいげん》されていますよ。身近《みぢか》にあったら、ぜひ確認《かくにん》してみてください。

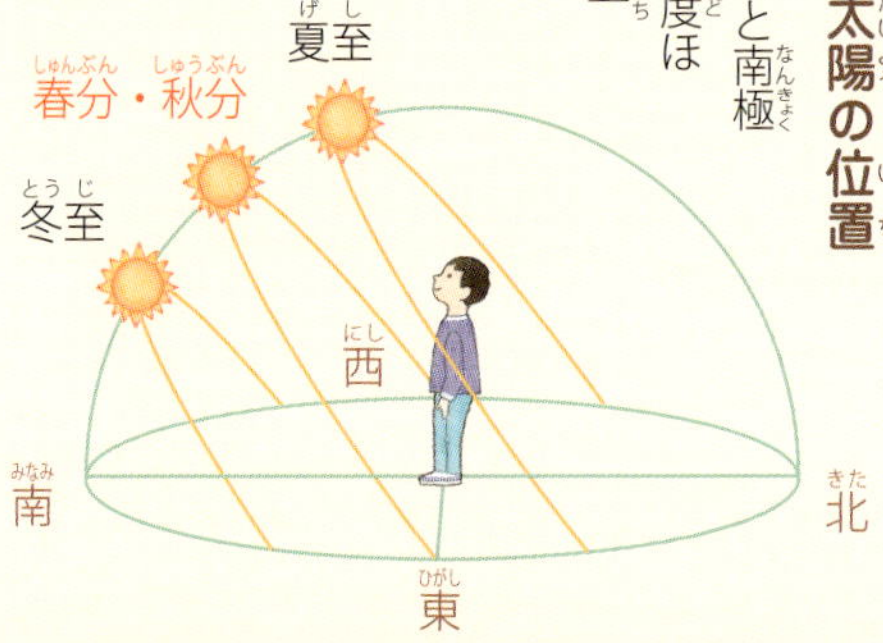

「旧暦《きゅうれき》」って何《なに》？

旧暦《きゅうれき》（太陰太陽暦《たいいんたいようれき》）は、月《つき》の満《み》ち欠《か》けをもとに作《つく》られたこよみ（カレンダー）で、新月《しんげつ》を一日《ついたち》としています。こよみと季節《きせつ》が、大《おお》きいときは1か月《げつ》もずれてしまうため、数年《すうねん》ごとに「うるう月《づき》」を入《い》れて複雑《ふくざつ》な調整《ちょうせい》をしていました。現在《げんざい》の新暦《しんれき》（太陽暦《たいようれき》）になったのは、明治五年《めいじごねん》（1872年《ねん》）のことです。このとき、明治五年十二月三日《めいじごねんじゅうにがつみっか》を、明治六年一月一日《めいじろくねんいちがつついたち》にして太陽暦《たいようれき》を合《あ》わせたので、旧暦《きゅうれき》と新暦《しんれき》には1か月《げつ》ほどのずれがあるのです。

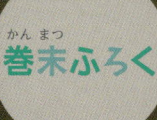

日本独自《にほんどくじ》の「雑節《ざっせつ》」を知《し》ろう

二十四節気《にじゅうしせっき》や七十二候《しちじゅうにこう》は、旧暦《きゅうれき》ではつかみにくい季《き》節《せつ》の変化《へんか》を知《し》るためのものでしたね。けれども、農作《のうさ》業《ぎょう》の目安《めやす》にしたり、実生活《じっせいかつ》を送《おく》るには、さらに細《こま》かく季節《きせつ》の変《か》わり目《め》をとらえるための暦日《れきじつ》が必要《ひつよう》でした。そこで、日本独自《にほんどくじ》に考《かんが》えられたものが「雑節《ざっせつ》」です。

節分《せつぶん》（大寒《たいかん》から15日目《にちめ》）
豆《まめ》をまいて災《わざわ》いをはらう。鰯《いわし》の頭《あたま》を飾《かざ》ることも。

彼岸《ひがん》（春分《しゅんぶん》・秋分《しゅうぶん》の日《ひ》を真《ま》ん中《なか》にした前後《ぜんご》3日間《かかん》。年《ねん》2回《かい》）
仏壇《ぶつだん》にお供《そな》えし、ご先祖様《せんぞさま》のお墓参《はかまい》りをする。

社日《しゃにち》（春分《しゅんぶん》と秋分《しゅうぶん》の日《ひ》に最《もっと》も近《ちか》い戊《つちのえ》の日《ひ》。年《ねん》2回《かい》）
土《つち》の神様《かみさま》に春《はる》は豊作《ほうさく》を祈《いの》り、秋《あき》は収穫《しゅうかく》に感謝《かんしゃ》する。

八十八夜《はちじゅうはちや》（立春《りっしゅん》から88日目《にちめ》）
霜《しも》の降《お》りる最後《さいご》のころ。農家《のうか》では種《たね》まきの季節《きせつ》。

入梅《にゅうばい》（芒種《ぼうしゅ》の後《あと》の最初《さいしょ》の壬《みずのえ》の日《ひ》。現在《げんざい》は気象庁《きしょうちょう》が発表《はっぴょう》）
梅雨《つゆ》のころ。梅雨入《つゆい》りは地域《ちいき》によってちがう。

半夏生《はんげしょう》（夏至《げし》から11日目《にちめ》）
田植《たう》えを終《お》わらせる日《ひ》の目安《めやす》とされていた。

土用《どよう》（立春《りっしゅん》・立夏《りっか》・立秋《りっしゅう》・立冬《りっとう》の前《まえ》の各《かく》18日間《にちかん》。年《ねん》4回《かい》）
土《つち》を敬《うやま》う期間《きかん》。土用《どよう》が明《あ》けると新《あたら》しい季節《きせつ》になる。

二百十日《にひゃくとおか》（立春《りっしゅん》から２１０日目《かめ》）
稲《いね》の開花期《かいかき》。このころ大型《おおがた》の台風《たいふう》が来《く》るので警戒《けいかい》する。

二百二十日《にひゃくはつか》（立春《りっしゅん》から２２０日目《かめ》）
二百十日《にひゃくとおか》と同《おな》じく、農家《のうか》にとって台風《たいふう》の来《く》る厄日《やくび》。

暮《く》らしの中《なか》の十二支《じゅうにし》

ね
うし
とら
う
たつ
み

「十二支《じゅうにし》」といえば、生《う》まれ年《どし》を当《あ》てはめる「午《うま》年《どし》」や「未年《ひつじどし》」でおなじみですが、実《じつ》は、「日《ひ》」にも十二支《じゅうにし》がかくれています。この本《ほん》にも出《で》てくる「初午《はつうま》（「春《はる》」の9ページ）」や「酉《とり》の市《いち》（「冬《ふゆ》」の9ページ）」の「午《うま》」「酉《とり》」がそうですね。

年《ねん》は12年《ねん》でひと回《まわ》りしますが、日《ひ》は60日《にち》でひと回《まわ》りします。なぜかというと、まず、中国《ちゅうごく》の五行《ごぎょう》「木火土金水《もっかどごんすい》」という考《かんが》え方《かた》があります。その五行《ごぎょう》がさらに兄《え》（陽《よう》）と弟《と》（陰《いん》）に分《わ》かれる「十干《じっかん》」というものがあり、「甲《きのえ》（木《き》の兄《え》）」「乙《きのと》（木《き》の弟《と》）」「丙《ひのえ》（火《ひ》の兄《え》）」「丁《ひのと》（火《ひ》の弟《と》）」という具合《ぐあい》で、10通《とお》りできます。この十干《じっかん》と十二支《じゅうにし》を合《あ》わせて60通《とお》りに分類《ぶんるい》したものが日々《ひび》に当《あ》てはめられているわけです。たとえば、「今日《きょう》は己未《つちのとひつじ》、明日《あす》は庚申《かのえさる》」というようにね。

ほかにも、深夜《しんや》の1時《じ》から3時《じ》を「丑《うし》の刻《こく》」といいますが、時刻《じこく》に十二支《じゅうにし》が当《あ》てはめられます。身近《みぢか》にあるいろいろな十二支《じゅうにし》を探《さが》してみてください。

うま
ひつじ
さる
とり
いぬ
い

旧暦《きゅうれき》の美《うつく》しい月名《げつめい》

月《つき》には「二月《にがつ》」「三月《さんがつ》」のほかにも名前《なまえ》があります。月《つき》の異名《いみょう》は、短《みじか》い言葉《ことば》でその月《つき》の様子《ようす》をすっと伝《つた》える美《うつく》しい日本語《にほんご》でもあります。春《はる》の異名《いみょう》を見《み》てみましょう。

旧暦二月《きゅうれきにがつ》

「如月《きさらぎ》」は「衣更着《きさらぎ》」とも書《か》きます。月名《げつめい》もまだ寒《さむ》く重《かさ》ね着《ぎ》をしているようですね。だんだん暖《あたた》かくなり、梅《うめ》の花《はな》が咲《さ》き、雪《ゆき》も解《と》け、地面《じめん》には草《くさ》の芽《め》が生《は》えてきます。

如月《きさらぎ》
初花月《はつはなづき》
雪消月《ゆきぎえづき》
小草生月《おぐさおいづき》

旧暦三月《きゅうれきさんがつ》

「弥生《やよい》」は草木《くさき》がますます成長《せいちょう》する「いや生《お》い」の月《つき》。満開《まんかい》の桜《さくら》のもとで花見《はなみ》をして、晩春《ばんしゅん》、過《す》ぎゆく春《はる》を惜《お》しみます。「夢見月《ゆめみづき》」も春《はる》らしいロマンチックな言葉《ことば》。

弥生《やよい》
花見月《はなみづき》
春惜月《はるおしみづき》
夢見月《ゆめみづき》

旧暦四月《きゅうれきしがつ》

新暦《しんれき》では5月《がつ》に当《あ》たり、真《ま》っ白《しろ》な卯《う》の花《はな》が咲《さ》きます。地域《ちいき》によっては桜《さくら》がまだ咲《さ》いていて、「花残《はなのこり》月《づき》」の名《な》が。「清和《せいわ》」は空《そら》が晴《は》れて清々《すがすが》しくのどかな様子《ようす》です。

卯月《うづき》
卯《う》の花月《はなづき》
花残月《はなのこりづき》
清和月《せいわづき》

キーワードさくいん

あ行《ぎょう》

アースデイ……35
アク……18・36
あご……13
浅緑《あさみどり》……11
あさり……31
葦《あし》（葭《あし》）……34・37・40
甘茶《あまちゃ》……33
淡島神社雛流《あわしまじんじゃひなwhile》し……11
淡雪《あわゆき》……17
アンデルセン……27
イースター……23・27
いかなごのくぎ煮……35
生《い》け花《ばな》……7
いちご狩《が》り……11
稲荷神社《いなりじんじゃ》……9
稲荷《いなり》ずし……9
いよかん……7
うぐいす……4・7・31・40
うぐいす菜《な》……7
雨水《うすい》……10・11・40
うすら氷《ひ》……5
卯月八日《うづきようか》……29
梅《うめ》が香《か》……9
梅《うめ》の花《はな》……4・5・9・15・29・41
梅見《うめみ》……15
うりぼう……28
うるう（日《び》・月《づき》・年《どし》）……11・40
エイプリルフール……23
干支《えと》……33
えぞ山桜《やまざくら》……25
円覚上人《えんかくしょうにん》……39
遠足《えんそく》……29
桜花祭《おうかさい》……29
おおいぬのふぐり……11
大正月《おおしょうがつ》……8
おたまじゃくし……35
お茶《ちゃ》の葉《は》……37
おぼろ……10
御柱祭《おんばしらまつり》……29

か行《ぎょう》

貝合《かいあわせ》……14
垣根《かきね》……19
かぎ針編《ばりあ》み……6
陽炎《かげろう》……23
かさねの色目《いろめ》……30
鹿島《かしま》の祭頭祭《さいとうさい》……17
花信風《かしんふう》……17
春日祭《かすがさい》……17
春日大社御田植神事《かすがたいしゃおたうえしんじ》……17・21
霞《かすみ》……10・40
かたくり……10
花鳥風月《かちょうふうげつ》……2・40
花粉症《かふんしょう》……17
雷《かみなり》……22・40
雁《がん》……28・31・40
灌仏会《かんぶつえ》……29・33
寒干《かんぼ》し……12
聞《き》きなし……29
北野天満宮梅花祭《きたのてんまんぐうばいかさい》……11
北窓開《きたまどひら》く……19
絹《きぬ》さや……12
木《き》の芽和《めあ》え……13
旧暦《きゅうれき》……5・8・16・20・29・40・41
草《くさ》の芽《め》……10
草《くさ》もち……12
くらやみ祭《まつり》……35・38
黒森歌舞伎《くろもりかぶき》……5
啓蟄《けいちつ》……16・17・19・40
夏至《げし》……40
月名《げつめい》……41
げんげの花《はな》……17
建国記念《けんこくきねん》の日《ひ》……5
憲法記念日《けんぽうきねんび》……35・39
氷《こおり》……4・5・7・40
ゴールデンウイーク……35・38・39
穀雨《こくう》……17・34・35・40
国際子《こくさいこ》どもの本《ほん》の日《ひ》……23・27
五大力尊仁王会《ごだいりきそんにんのうえ》……11・15
小正月《こしょうがつ》……8
東風《こち》……4・5・15
木《こ》の芽起《めお》こし……13
木《こ》の芽時《めどき》……13
こぶしの花《はな》……17

さ行《ぎょう》

冴返《さえかえ》る……11
佐保姫《さおひめ》……23
桜《さくら》……22・23・25・29・30・32・33・35・40・41
桜鯛《さくらだい》……32
桜飯《さくらめし》のおにぎり……32
桜《さくら》もち……32
さっぽろ雪《ゆき》まつり……5・8
里桜《さとざくら》……27
雑節《ざっせつ》……41
さやえんどう……12
さわら……19
さわらび……15
山菜《さんさい》……5・18
さんしょうの芽《め》……13・30
幸在祭《さんやれさい》……11・15
潮干狩《しおひが》り……30・31
紫外線《しがいせん》……35
下萌《したも》え……11
しだれ桜《ざくら》……29
七十二候《しちじゅうにこう》……2・40・41・43
霜《しも》……34・40・41
釈迦《しゃか》……20・33
十三《じゅうさん》まいり……29・33
十二支《じゅうにし》……33・41
秋分《しゅうぶん》……27・40・41
十六団子《じゅうろくだんご》の日《ひ》……17・21
修二会《しゅにえ》……26
旬《しゅん》……6・13・19・24
春寒《しゅんかん》……5
春暁《しゅんぎょう》……13
春節《しゅんせつ》……5
春分《しゅんぶん》……22・23・27・40・41
上巳《じょうし》の祓《はら》え……14
聖徳太子《しょうとくたいし》……11
昭和《しょうわ》の日《ひ》……35・39
しらすぼし……12
白酒《しろざけ》……14
白詰草《しろつめくさ》……23
新学年《しんがくねん》……24
蜃気楼《しんきろう》……35
新《しん》じゃがいも……25
深大寺《じんだいじ》だるま市《いち》……11
新玉《しんたま》ねぎ……25
じんちょうげ……17
新入学《しんにゅうがく》……24
新暦《しんれき》……40
菅原道真《すがわらのみちざね》……11・15・26
すずめ（雀《すずめ》）……22・29・40
すみれ……19・30
青柏祭《せいはくさい》……35・38
清明《せいめい》……28・29・40
整理整《せいりせい》とん……25
節分草《せつぶんそう》……10
ぜんまい……17・18
卒業《そつぎょう》……21
卒業式《そつぎょうしき》……20・21
染井吉野《そめいよしの》……25・29

た行《ぎょう》

ダイヤモンドダスト……5
たけのこ……13・36
たけのこほり……36
太宰府天満宮曲水《だざいふてんまんぐうきょくすい》の宴《えん》……17
田《た》の神様《かみさま》……8・21・32・39
たらの芽《め》……18
端午《たんご》の節句《せっく》……14
暖房《だんぼう》……19・31
たんぽぽ……23
茶《ちゃ》つみ……37
チューリップの花《はな》……29
ちょう（蝶《ちょう》）……16・40
ちらしずし……14
鎮花祭《ちんかさい》……29
つくし……18・23
土《つち》の脉《しょう》……10・40
つつじ……30
鼓草《つづみぐさ》……23
椿《つばき》の花《はな》……5・7
つばめ……28・29・31・33・40
氷柱《つらら》……4
つるしびな……14
田楽《でんがく》……30
天使《てんし》のささやきの日《ひ》……5
てんとう虫《むし》……23
桃花酒《とうかしゅ》……14
道後温泉《どうごおんせん》まつり……23・26
冬至《とうじ》……40
東大寺《とうだいじ》のお水取《みずと》り……17・20・26
冬眠《とうみん》……16
桃李《とうり》……21
十日町雪《とおかまちゆき》まつり……5
飛魚《とびうお》……13
飛梅《とびうめ》……15
豊臣秀吉《とよとみひでよし》……29
泥打祭《どろうちまつ》り……23

な行《ぎょう》

流《なが》しびな……14
長浜曳山《ながはまひきやま》まつり……29

なずなの花《はな》 17
菜種御供大祭《なたねごくうたいさい》 23・26
菜種《なたね》きんとん 39
菜種梅雨《なたねづゆ》 34
夏鳥《なつどり》 31
夏目漱石《なつめそうせき》 26
菜《な》の花《はな》 12・34・39
菜飯《なめし》 30
苗代《なわしろ》 34・39
虹《にじ》 28・40
二十四節気《にじゅうしせっき》 2・40・41
ニット 6
入学式《にゅうがくしき》 29・32
人間将棋《にんげんしょうぎ》 29
ねこの子《こ》 35
ねこの日《ひ》 11
ねこやなぎ 5・7
のの様《さま》 17
涅槃会《ねはんえ》 17・20
野焼《のや》き 11
のびる 18

は行《ぎょう》

博多《はかた》どんたく港《みなと》まつり 35・38
八十八夜《はちじゅうはちや》 35・37・41
八戸《はちのへ》えんぶり 5・8
初午《はつうま》 5・9
花曇《はなぐも》り 23
花《はな》の雨《あめ》 23
花冷《はなび》え 29
花日和《はなびより》 33
花祭《はなまつ》り 29・33
花見《はなみ》 32・41
はまぐり 14・31
針供養《はりくよう》 5・9
春一番《はるいちばん》 11・12・13
春会式《はるえしき》 11
春風《はるかぜ》（東風《はるかぜ》） 4・15・27・40
春《はる》キャベツ 24
春寒《はるさむ》 5
春告鳥《はるつげどり》 4
春告花《はるつげばな》 4
春《はる》の雨《あめ》 13
春《はる》の風《かぜ》 5・19
春《はる》の甲子園《こうしえん》 23
春《はる》の高山祭《たかやままつり》 29・33
春《はる》の土《つち》 15
春《はる》の配色《はいしょく》 30
春《はる》の彼岸《ひがん》（彼岸《ひがん》） 23・26・27・41
春《はる》の藤原《ふじわら》まつり 35
春服《はるふく》 18
春休《はるやす》み 23・27
バレンタインデー 5・9
日傘《ひがさ》 35
緋寒桜《ひかんざくら》 25
ひきがえる 17
ひじき 19
ひしもち 14
日立《ひたち》さくらまつり 29
ひなあられ 14
ひな人形《にんぎょう》 14
ひな祭《まつ》り 11・14・16
ひばり 23
深川飯《ふかがわめし》 31
ふき 31・33
ふきのとう 5・6・31
藤守《ふじもり》の田遊《たあそ》び 17
復活祭《ふっかつさい》 23・27
冬鳥《ふゆどり》 31
冬物《ふゆもの》の整理《せいり》 36
フリージア 7
棒編《ぼうあ》み 6
ほおじろ 29
ほたて貝《がい》 25
ぼたもち 27
ほたるいか 19
ぼたん（牡丹《ぼたん》） 27・34・40
ぼたん雪《ゆき》 17
帆手祭《ほてまつり》 17
坊《ぼ》っちゃん 26
ホワイトデー 17・21

ま行《ぎょう》

水切《みずき》り 7
水温《みずぬる》む 5
水戸《みと》の梅《うめ》まつり 11
みどりの日 35・39
水口祭《みなくちまつり》 35・39
源《みなもとの》 義経《よしつね》 35
ミニトマト 37
三春滝桜《みはるたきざくら》 29
壬生大念仏狂言《みぶだいねんぶつきょうげん》 35・39
麦《むぎ》ふみ 5・9
室生犀星《むろうさいせい》 23
めじろ 5
孟宗竹《もうそうちく》 36
もくれん 23
桃《もも》 14・16・17・29・30・40
桃《もも》の節句《せっく》 14・16
もんしろちょう 16

や行《ぎょう》

薬師寺花会式《やくしじはなえしき》 23・26
野菜作《やさいづく》り 37
柳《やなぎ》の若葉《わかば》 35
やぶれがさ 18
山《やま》うど 18
山《やま》の神様《かみさま》 29
山吹《やまぶき》の花《はな》 35
山焼《やまや》き 11
山笑《やまわら》う 17
雪代《ゆきしろ》 10
雪解《ゆきど》け 5・9・10・11・15
雪《ゆき》にごり 11
余寒《よかん》 5
横手《よこて》かまくら 5・8
四《よ》つ葉《ば》のクローバー 23
よもぎ 11・12

ら行《ぎょう》

立春《りっしゅん》 4・5・8・11・37・40

わ行《ぎょう》

若草《わかくさ》 30
わかさぎ 7
若狭《わかさ》のお水送《みずおく》り 11・15・20
若竹煮《わかたけに》 36
わかめ 19・36
渡《わた》り鳥《どり》 31
わらび 18

自分《じぶん》の七十二候《しちじゅうにこう》を作《つく》ろう！

わたしたちの暮《く》らす日本列島《にほんれっとう》は、南北《なんぼく》に細《ほそ》長《なが》く、山地《さんち》や低地《ていち》に富《と》んでいます。そのため、同《おな》じ時期《じき》でも地域《ちいき》によって暑《あつ》かったり涼《すず》しかったり、見《み》られる花《はな》や虫《むし》などがちがっていたりします。昔《むかし》の人《ひと》が七十二候《しちじゅうにこう》を考《かんが》えたように、日々《ひび》、自然《しぜん》とともに暮《く》らし、季節《きせつ》の新《あたら》しい変化《へんか》を発《はっ》見《けん》し、自分《じぶん》だけの季《き》節《せつ》のこよみを作《つく》ってみましょう。

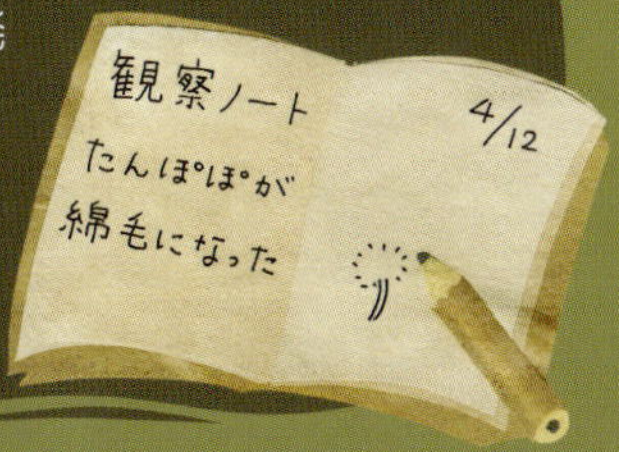

参考文献

『カラー図説 日本大歳時記 春』
水原秋櫻子・加藤楸邨・山本健吉 監修（講談社）
『くらしのこよみ 七十二の季節と旬をたのしむ歳時記』
うつくしいくらしかた研究所 編（平凡社）
『日本人の春夏秋冬 ―季節の行事と祝いごと』新谷尚紀 著（小学館）
『三省堂 年中行事事典』田中宣一・宮田 登 編（三省堂）
『かさねの色目 ―平安の配彩美―』長崎盛輝 著（京都書院）
『植物知識』牧野富太郎 著（講談社）
『科学のアルバム別巻 四季の野鳥かんさつ』丸 武志 監修（あかね書房）
『季語集』坪内稔典 著（岩波書店）
『心をそだてる 子ども歳時記12か月』橋本裕之 監修（講談社）

●お祭《まつ》りや行事《ぎょうじ》の日程《にってい》は、年《とし》によって変《か》わるものもあります。
●その他、地方自治体、公共機関、企業などのホームページ。

監修者紹介

坂東眞理子《ばんどうまりこ》

一九四六年富山県生まれ。昭和女子大学学長。東京大学卒業後、総理府（現在の内閣府）に入り、内閣広報室、青少年対策本部などを経て、一九九八年、女性初の総領事（オーストラリア・ブリスベン）に、二〇〇一年、内閣府初代男女共同参画局長に就任。また、一九七五年の国連国際婦人年を契機に『女性は挑戦する』（主婦の友社）を出版した後、文筆家としても活躍。主な著書に『新・家族の時代』（中央公論社）、『育児を乗り切る知恵と夢』（フレーベル館）、『親の品格』（PHP研究所）など多数。二〇〇六年に出版した『女性の品格』（PHP研究所）はベストセラーになった。

表紙デザイン　たけち れいこ

イラスト　井上朝美
表紙・七十二候の花鳥風月・二十四節気のこよみ・44ページ
鴨下　潤
もくじ・日々のよろこび・40～41ページ
光安知子
もくじ・行事のある特別な日・40～41ページ・二十四節気のマークと枠の飾り

和菓子協力　株式会社 鶴屋吉信

編集　清田久美子（教育画劇）
桑原るみ
英　佑紀（オフィス303）

本文デザイン　たけちれいこ
オフィス303

絵本《えほん》ごよみ　二十四節気《にじゅうしせっき》と七十二候《しちじゅうにこう》
春《はる》～はるかぜがこおりをといて

2014年2月15日　初版発行
2022年4月15日　3刷発行

発行者　升川和雄
発行所　株式会社 教育画劇
〒151-0051 東京都渋谷区千駄ケ谷五-一七-一五
TEL 03-3341-3400　FAX 03-3341-8365
http://www.kyouikugageki.co.jp

印刷所　大日本印刷株式会社

ISBN 978-4-7746-1780-0 C8039（全4冊セット ISBN 978-4-7746-1779-4）